梯 恒三
KOZO KAKEHASHI

一品勝負

地方弱小メーカーのものづくり戦略

幻冬舎MC

はじめに

1982年、秋も深まり、肌寒さを感じるようになった静かな晩でした。いつもどおり仕事を終え、帰宅してくつろいでいた私のところに同居していた父が歩み寄ってきて、思い詰めたような表情で小さくつぶやきました。

「死にたくなった……」

大正生まれの父は戦時中は召集されて戦火をかいくぐり、戦後には自らの力で会社を立ち上げて、一時は倒産の危機すらも切り抜けてきた人です。常にエネルギーに溢れる父の口から発せられた意外な言葉に私は耳を疑いました。

当時の父は、アトピー性皮膚炎による夜も眠れないほどのかゆみに悩まされていました。会社の資金繰りのストレスや新製品開発の苦労などがたたり、父は毎日病院で処方された大量の薬を欠かさず飲み生々しいひっかき傷が残る体に外用薬を塗っていました。それが快復するための最善策だと医師から言われ、疑うこともなく信じていたのです。

しかし症状は一向に改善せずそればかりか日増しに父の表情からは生気がなくなり、まるでうつ病にかかったようでした。「気分が沈みがちなのは、大量の薬のせいかもしれない」。そう思った父は、かかりつけの医師に相談しました。すると、医師の口から無情な一言が返ってきたのです。

「そんなにつらいのなら、薬の量を半分にしたらいい」

医師を信頼して言われたとおりの量を服用してきた父はその言葉に愕然とし、裏切られた気持ちになりました。その日を境に服薬をいっさいやめ、そして決意したのです。

「自分と同じようにアレルギーに苦しんでいる人のために、薬に頼らなくても健康になれるような新しい寝具を開発しよう」

これが、私たちの会社の「一品」が誕生するきっかけとなりました。

現在、私が3代目社長を務める龍宮株式会社は田舎の小さな寝具メーカーです。もともとは父が1947年に特殊紡績の工場として立ち上げ、1955年からは医療用脱脂綿を作ってきました。1950年代、綿から油などの不純物を徹底的に取り除いて作られる医療用脱脂綿を製造している競合メーカーは少なく、1970年代前半までは小さな工場ながらも徐々に売上が伸びていきました。最高時には4億円ほどの年商があり、従業員も60人を超えました。しかし次第に安価な輸入品が市場を席巻し、価格競争が始まると売上は半減してしまいます。

まさに会社が時代に淘汰されようとしている危機のなか、父は自身のアトピー性皮膚炎をきっかけとして医療用脱脂綿を使った寝具を作ろうと決意しました。

もともと脱脂綿は医療用として使われるほど衛生的です。また従来の布団綿に比べて保温性が高いうえに、通気性や吸湿性・放湿性にも優れています。そうした脱脂綿の強みを活かせばダニやホコリなどアトピーの原因にならず、夏は涼しく冬は暖かい布団が作れるのではないかと考えたのです。

しかし、その開発の道のりは決して楽なものではありませんでした。私の会社は小さな町工場です。当然、技術開発の専門部門など存在しません。工場の片隅で私たちは試行錯誤を重ねました。医療用脱脂綿の製造を細々と続けなんとか食いつなぎながら、脱脂綿で布団を作るという「一品勝負」に賭けたのです。こうして苦労の末にようやく製品化にこぎつけたときには、実に10年にもおよぶ年月が過ぎていました。

念願かなって誕生した布団もすぐに飛ぶように売れたわけではありませんでした。当初は知り合いの寝具専門店に無理を言って数点置いてもらうところからスタートしました。すると少しずつではあるものの1点また1点と売れていき、やがてその品質の良さが口コミによって広がり、大都市の百貨店で取り扱ってもらえるようになりました。

「これはいける！」

そう手応えを感じた私たちはその後、脱脂綿寝具の生産設備を増設し寝具で「一品勝負」をする覚悟を決めました。そうして年商6億円にまで回復することができたのです。

ここに至るまでの道のりは決して平坦なものではありませんでした。周りを見渡せば、輸入品との価格競争の末に多くの小さな工場が時代に淘汰されてきました。私たちはこれまでにさまざまな製品を試作し、その試行錯誤の末に自分たちにしかできない「一品」を生み出すことができ品質を極めることで他社との差別化を図りました。そして、倒産危機のどん底からようやく明るい未来が描けるところまで這い上がってきたのです。

苦境に屈することなく一品を極めるためにこだわり抜いてきた私たちの歩みが一人でも多くの人に届き、時代に淘汰されずに挑戦し続ける地方弱小メーカーの魅力を感じてもらえれば著者としてこれ以上に望むことはありません。

一品勝負　地方弱小メーカーのものづくり戦略　目次

［第２章］　先細りする業界……苦境を救った革新的なアイデア

［第1章］

成熟社会で変化し続ける消費者ニーズ「低価格、高品質」の量産品が製造業にもたらす脅威

成熟社会で多様化する消費者のニーズ

現代の日本は経済や社会制度が発展し、必要な物やサービスは満たされている「成熟社会」を迎えています。「作れば売れる」という時代はとうに過ぎ、消費者の行動は多様化しています。人によってこだわるポイントはブランド、価格、品質などさまざまです。

1998年に内閣府がまとめた「構造改革のための経済社会計画 - 活力ある経済・安心できるくらし」には日本経済が海外からの技術導入と応用により、新製品や良質な製品を大量生産し、内外の市場に販売することで急速な発展を遂げてきたことを評価する一方で、こう警鐘を鳴らしています。「新製品開発をもたらすような独創的な技術を自ら創出していかなければならないことや単にモノを製造するばかりでなく、製品・サービスの適切な組み合わせにより消費者ニーズに対応しなければならないことなど従来型の発展パターンを続けることは困難となっている」

さらに近年の消費者行動やニーズはインターネット普及の影響により、目まぐるしく変化しています。企業側が発信する情報はもちろんのこと、ＳＮＳなどを活用して消費者自らが情報を発信し、ほかの消費者と情報共有して購入を判断するといったプロセスが生まれました。口コミの広がり方も、インターネット登場前と比較すれば段違いの速さです。そのような環境で、生産力・販売力などに限りがある中小企業が大手や海外製品との差別化を図り、生き残っていくことは容易ではないのです。

寝具業界も例外ではなく、多様化するニーズに対応するべく試行錯誤を繰り返してきた歴史があります。「睡眠負債」という言葉が日本のメディアをにぎわせたのは2017年のことでした。スタンフォード大学のWilliam C. Dement 教授によって提唱されたこの言葉は、日々の睡眠不足がまるで借金のように積み重なって、心身に悪影響を及ぼす恐れがあることを表しています。わずかな睡眠不足でも、毎日のように積み重なって「債務超過」の状態になれば生活や仕事の質が低下するばかりか、がんや認知症、うつ病などの病気につながる恐れもあるというのです。

「睡眠負債」という言葉のインパクトとともに、睡眠の質に対する世間の関心も一気に高まりました。睡眠の質もまた、人間の体に影響を及ぼすことが分かったからです。厚生労働省の運営する健康情報提供サイト「e‐ヘルスネット」によると、質の悪い睡眠は生活習慣病の罹患リスクを高めるそうです。

そのため、質の高い睡眠を求め寝具の機能にこだわる人が増えてきました。寝具店の店頭には、睡眠の質を高めるというマットレスやオーダーメイド枕の中材が展示され、割高であっても自分のスタイルに合った寝具を買い求めようとする人の関心を集めています。

しかし、これほど人間が自分自身の「睡眠の質」に意識を向け寝具の機能面にもこだわるようになったのは、人類の長い歴史を振り返って見てみるとごく最近のことです。私たちの会社が寝具に関わってきたここ数十年の間に限ってみても、人々の寝具へ求めるものは次々に変化していきました。

そもそも日本人の多くが私たちの思い浮かべるような綿入りの布団を使えるようになったのは、江戸時代の末期から明治時代にかけてのことだといわれています。現在のものに近い掛け布団は江戸時代の初め頃に関西で登場しましたが、当時の布団は高級品だったため、江戸の市民は天徳寺という藁入りの和紙の布団を使用していたそうです。貧困層は、海藻を乾燥させたものを麻などの袋に詰めたものや、藁を積み上げたものを寝具として使用していました。

江戸時代には高級品だった綿入りの布団は、明治時代になってインドなどから価格の安い綿が大量に入ってくるようになると、次第に庶民にも手の届くものになっていきました（家具の福屋HP「寝具の歴史」）。

やがて綿を使った布団は徐々に普及していきましたが、戦前までは、布団といえば綿屋が扱う木綿綿《もめんわた》や真綿を使って、各家庭で仕立てるものでした。布団に入れた綿の弾力が徐々に失われて硬くなり、いわゆる煎餅布団になれば、打ち直しをして新品同様にリフォームして長年使っていました。打ち直しの作業は主婦にとって大変な重労働だったため、綿屋に依頼することもありました。

それが不要になったのは戦後、化学繊維で作られた綿を用いた布団が売り出されるようになってからです。そして、布団は「家庭で作るもの」から「専門店で買うもの」へシフトしていきました。

１９８０年代に入ると経済成長によって国民の生活は成熟し、ハイブランドの高価な商品に注目が集まるようになっていきました。その波は寝具業界にも押し寄せます。バブル期に世間の消費欲が高まるのと時を同じくして、寝具業界は羽毛布団の全盛期に入りました。

世の中に「羽毛布団ブーム」が起こり、30万円を超えるような高価な羽毛布団が飛ぶように売れていきました。当時は海外製の高級寝具がもてはやされていて、従来の綿の布団は硬いとか、重いとかいったマイナスイメージをもたれるようになってしまいました。綿を扱っている私たちの会社にとっては試練の時代の到来です。

その後のバブル崩壊とデフレ経済によって、寝具市場はさらなる変容を余儀なくされます。価格競争が激化し、市場はいつしか安価な輸入品の羽毛布団が主流になりました。

さらには製造小売業という業態を確立した企業によって、価格が安くて品質の良い製品が大量に出回るようになりました。安いだけではなく、さまざまな機能性が追加された寝具は消費者の心をつかみました。

こうして寝具を扱う私たちのような中小ものづくりメーカーのみならず、卸業者や寝具専門店などを含む寝具業界全体にとって厳しい時代がやって来たのです。

正攻法では大手や海外に勝てないのか

大手企業や海外の製品が市場に出回る状況下で中小企業が生き残りを図るためには、単に「価格と品質を追求する」という正攻法では通用しません。他社にはない独自の技術や商品を開発する必要があります。その努力を怠り、大手企業と同様に価格を下げることで対応しようとした中小規模のメーカーは、いつの間にか価格競争の渦に飲み込まれて消えていきました。中小企業と大手や海外の企業とでは、そもそも資金力に大きな差があるのですから、それは当然の結果です。

大企業はスケールメリットを活かして仕入れ価格を安くすることができます。また設備投資の面でも資金が潤沢にありますので、大規模な工場を人件費の安い国に作ったり人手を最小限におさえられる機械をそろえたりすることによって、生産コストも下げることができます。

しかし中小企業の場合、このような大手と同様の対応をするのは困難です。にもかかわらず大手や海外企業と同等の価格を実現しようとするなら、あとは品質面で妥協するしかありません。

例えば生地の価格を下げようと思ったら生地を織るのに使う糸を国産から海外産のものに代えたり、使う糸の本数を間引いたりといった方法で製造コストを下げていくことになります。

海外製の安い糸というのは国産の厳しく管理されて製造される糸よりも、どうしても異物が入っている率が高くなります。また、糸の本数が少ないということは生地の目が粗くなります。タオルが分かりやすい例ですが、糸が間引かれた生地では薄くなり吸水量が少なくなるなど機能性が低くなります。

このように単に「価格を下げること」が目的になってしまうと、自ずと商品の質は下がります。価格の面ですでに不利なのに加えて商品の質は下がったのでは、ますます勝負できるはずがありません。

さらに、中小企業の場合は知名度の点でも不利です。会社や商品のことを広く知ってもらうにはテレビCMや新聞広告などを出すという方法がありますが、これには多額の広告料がかかります。その割に売上に反映される率は低いので、体力のない会社はマスメディアに頻繁に広告を出すことはできません。特に地方の中小企業にとって、大企業と張り合えるほどに知名度を上げるのは並たいていのことではありません。

機能面ではまったく同じ商品がふたつ並んでいて価格もほぼ同じであれば、多くの人は名の通った企業の商品を選ぶはずです。際立った個性のない商品の場合、どんなに品質にこだわって丁寧に作り続けていたとしても大手企業には太刀打ちできないということになります。

そんななか中小企業が生き残る方法としては大手企業からの仕事を受けて、サプライチェーンの一部となるという方法もあります。大手との取引をしている間は定期的にまとまった収入が約束されるので、経営は一見安定するように思えます。

しかし、その仕事には「いつ消えてなくなるか分からない」というリスクがつきまといます。実際に私たちの会社も大手企業から受けていた仕事が、トラブルによって急遽なくなるという経験をしたことがありますし、担当者が代わったタイミングで取引が中止になったこともありました。他社への依存度が高いということは、何かのきっかけで一気に経営が苦しくなる可能性が高いということでもあります。

減少の一途をたどる日本の寝具専門店

消費者のニーズが多様化したことによって苦しい状況におかれたのは、私たちのようなものづくりメーカーだけではありません。寝具専門店も同様です。

かつて寝具専門店は、人々の暮らしの身近にありました。嫁入り道具として寝具一式を寝具店で仕立てたり、使い込んで硬く薄くなってしまった布団の打ち直しを依頼したりといった具合に、専門店は布団のことをなんでも相談できる窓口のような存在でした。

しかしそういった関わりは、私たちのライフスタイルの変化とともにいつしか姿を消していきます。近所にあった寝具専門店がいつのまにか廃業していたという経験をした人もいると思います。

この30年ほどの間で寝具専門店の減少は著しく、総務省・経済産業省の「平成28年経済センサス」によると、1991年には1万8679あった寝具小売業の事業所は、2016年には5070にまで数を減らしています。寝具専門店がこれほどまでに少なくなってしまった背景には、寝具を扱う製造メーカーや卸業者を取り巻く環境の変化があります。もともと、製造メーカーと消費者の間には、次のような品物の流れがありました。

製造メーカー
↓
一次卸業者
↓
二次卸業者
↓
小売業者・小売店
↓
消費者

一次卸業者はメーカーから直接品物を仕入れ、仕入れた商品は二次卸業者や小売業者・小売店に販売します。一次卸業者には生産業者または海外から商品を直接仕入れ、小売業者・小売店に直接販売する「直卸」と、次段階の卸業者に販売する「元卸」があります。

こういった流通構造は近年急速に短縮化していき、一次卸や二次卸の中抜きが進みました。中抜きというのはメーカーと小売業者とが、卸業者を通さずに商品の取引を行うことです。大手チェーン店の多くが、このような流通形式をとっています。

卸業者を介さないことで、小売業者が短期間で商品を受け取れたり、商品を安く仕入れられたりするといったメリットが生まれました。

本来卸業者が存在することの利点としては、卸業者によって在庫が担保されたり各店舗の会計の管理がなされたりするといったことがありました。また、消費者から要望を吸い上げて企画をメーカーに提案する商品開発などの機能も担っていました。いわば職人気質なメーカーと小売店との橋渡し役になってきたのです。

しかし最近では小売りが製造卸を介さず自ら輸出入取引を行う直接貿易も拡大し、その存在意義が問い直されるようになっていきました。

さらになんといっても影響が大きかったのは、SPA型の大手家具・インテリア製造小売などの台頭です。

ＳＰＡとはSpeciality store retailer of Private label Apparelの略で、商品の企画から製造、物流、プロモーション、販売までを一貫して行う小売業態のことです。もともとアパレル業界で使われるようになった言葉で、ユニクロやＧＡＰの業態がいい例です。寝具に関していうと、イオンやニトリがプライベートブランドの商品を企画・製造し、独自の物流網を築き上げてプロモーションや販売までを一貫して行っています。

その影響を受けて寝具類卸売業は１９９１年の時点で１８６８あった事業所が、２０１６年には６３２まで減少しています（総務省・経済産業省「平成28年経済センサス」）。

このように商品と消費者の窓口となっていた寝具小売店が約4分の1にまで減少し、その小売店との橋渡しをしてくれていた卸売の事業所数も3分の1に減っているという事実があります。これを受けて「良いものを作る」ということに集中していればよかった中小ものづくりメーカーも、変わらざるを得ませんでした。

「自分たちで開発した商品を、自分たちの手で売らなければならない」という局面に立たされたのです。

旧態依然としていた地方の中小企業

このように中小ものづくりメーカーにとって非常に厳しい状況のなかで、変化に対応できる会社ばかりではありませんでした。大手や海外企業の安価な製品に対抗すべく、自分たちにしかできない商品を開発しようと奮闘する会社がある一方で、前向きな具体策を取ることなく流れに身を任せているだけの会社も多くありました。

誰しも自分の会社を潰したいはずがありません。

どうしても人員が足りなくて、目の前の業務に精一杯だったという会社もあるはずです。資金がなくて、新たな設備投資が難しかったというような事情もあったかもしれません。あるいは、戦後の景気の良いときにどんどん売上を伸ばしていった成功体験にしばられて「今までどおりに良いものを地道に作ってさえいれば、そのうち状況は好転するだろう」と高を括っていた会社もあったに違いありません。

いずれにせよあえて厳しい言い方をするなら、そういった企業は「楽をした」のだと思います。

今までに経験したことのなかったような時代の荒波のなかで、旧態依然とした地方の中小企業は自らの体質を変えることができず、あとは消えていくしかありませんでした。もちろん、地方の弱小企業である私たちの会社も生き残っていくのは並たいていのことではありませんでした。実は倒産の危機を迎えたこともあるのです。

サプライチェーンに飲み込まれていくものづくりメーカー

厳しい状況におかれた中小ものづくりメーカーのなかには、大手企業のサプライチェーンの一部として組み込まれるという道を選んだ会社も多くありました。サプライチェーンというのは、商品や製品が消費者の元に届くまでの調達、製造、在庫管理、配送、販売、消費といった一連の流れのことです。

商品の多くは、さまざまな原材料や部品などを組み合わせて作られています。それが運ばれ小売店などの店頭に並び販売されて、消費者の手に届きます。この一連の流れのなかで繰り返される受発注や入出荷といった取引のサイクルがチェーン（鎖）のようになっていることから、サプライチェーンと呼ばれています。

私たちの会社も、かつてはサプライチェーンの一部となって脱脂綿を資材として納品していたことがありました。自社の工場で作った脱脂綿がほかの会社の工場に運び込まれてカットされ、ほかの会社の名前を冠したパッケージに袋詰めされて店頭に並ぶというわけです。私たちは商品の「加工」という部分だけを担い、サプライチェーンの一部に組み込まれていました。

中小企業はこのようなサプライチェーンに組み込まれていて、自分たちだけでは成り立たないというところがたくさんあります。

私たちの会社も安定した加工料が入ってくるということで、一時的には助かっていた面もあります。

しかしこういった仕事は、いつなくなるか分かりません。なぜなら、取引先から見たらサプライチェーンの一部になっている会社はいつでも替えがきく存在であることがほとんどだからです。何かトラブルがあれば即座に取引が中止になることもありますし、取引先の方針転換で突然その仕事が必要なくなることもあります。

中小企業は経営が苦しいときほどこういった仕事に依存しがちですが、サプライチェーンの一部になるということは、長い目で見たら自らの首を絞めることになるかもしれないリスクをはらんでいるのです。

日本のものづくりの基盤となっていたサプライチェーンが切れていく

経営が苦しくなった中小企業が次々に倒れていくと、そのサプライチェーンも切れていきます。

私たちの会社の例で言えば国内の紡績を行っている会社も残りわずかとなり、残っている会社もいつまで続けていけるのかが分からなくなっています。というのも織物の前工程の整経・サイジングをする会社が九州に1～2社あるのみで、商品の製造に使っている機械をメンテナンスできる会社がなくなってしまっているからです。

つい最近も国内で唯一、キルティング用の機械を作っている会社から生産を終了するという連絡があったばかりです。体力がない会社は、社長の代替わりのタイミングなどで事業を畳んでしまうということも少なくありません。

希少な材料を使ってものを作っている会社ほど、どこか一社でも倒れたらすべてストップしてしまうという危機にさらされています。そんな綱渡りのような緊張感を抱きながら生き残る道を見つけていかなければならないという現実に、中小ものづくりメーカーは直面しています。

中小ものづくりメーカーはどう生き残っていくのか

「地道に良いものを作っていればよい」という考え自体は間違ってはいません。「良いものを作る」ということは、ものづくりメーカーにとって大切なことです。

ただ、良いものを作っているだけでは生き残れない時代がすでに来ています。いかに売っていくのかということを考えるのをやめた途端、会社は時代の波に飲み込まれて姿を消していくしかありません。

そうならないためにも、私たちのような中小ものづくりメーカーは次のようなことを考え続け挑戦し続けなければなりません。

〝唯一無二〟の良いものを作るために考えること

・地方の弱小企業の製品を信用してもらうにはどうしたらよいのか
・大手にまねできない強みをどのように構築するのか
・小さな会社だからこそできる、消費者とのコミュニケーションとはどんなものなのか
・独自の販路をどのように切り拓いていくのか
・地域に根差した会社であるにはどうしたらよいのか

［第2章］

先細りする業界……
苦境を救った革新的なアイデア
誕生の原点は
創業者が温め続けた「願い」

戦後日本の復興と歩みをともに

寝具業界には次々と変化の荒波が押し寄せてきました。

ライフスタイルの変化、消費者のニーズの変化、そして先細る寝具業界——そのなかで私たちの会社が生き残ることができたのは、「パシーマ」という製品の存在があったからです。

私の父であり、創業者である梯禮一郎がパシーマの開発に着手したのは1980年のことでした。父は1916（大正5）年生まれで、幼少期から家業の綿工場を手伝い、熱心に綿の研究をしてきました。1941（昭和16）年に会社を起こしましたが、直後に軍隊に召集されて出征します。帰国したときには、その会社は国によって廃業させられていました。

世の中は敗戦後のとにかく物資が乏しい状況で、人々が着る衣服を作ろうとしても肝心の糸がないという状態でした。古い布団の綿をもってきて、これで糸を作ってほしいと頼まれることもあったようです。それがヒントとなって特殊紡績業を始め、当社の前身とな

新工場の竣工出発式（1964 年）

る「亀王製綿所」を立ち上げました。特殊紡績というのは、いわゆる「くず綿」から糸を作るという文字どおり特殊な紡績です。「せめて作業着、タオル一枚だけでもなんとかしてあげられないものか」という気持ちからのスタートでした。戦後の何もかも不足していた時代に特殊紡績の仕事は軌道に乗り、その後織物縫製へも進出しました。このときに織物を手掛けた経験は、のちにパシーマの開発にも役立つことになります。

　1954（昭和29）年、父は工場を吉井町へ移転したことを機に特殊紡績をやめ、脱脂綿の製造を始めました。この頃になると世の中も安定してきて人々は上質なものを求めるようになっており、特殊紡績はその役目を終えたと判断したからです。

1957（昭和32）年に綿と脱脂綿製造を二本柱とした「りゅうぐうわた株式会社」を設立して、私が生まれた昭和30年代には全九州に販売網を確立していきました。

日本で東京オリンピックが行われた1964（昭和39）年には現在の地に新工場を建設し、日本の高度経済成長期と足並みをそろえるかのように業績を伸ばしていきました。ところがそうして軌道に乗ってきた1966（昭和41）年、工場が一度目の火災に見舞われます。焼け落ちた工場は、製造工程のなかでも準備作業をする部分でした。しかし社員が一丸となりこれを機にレイアウトを使いやすく改善するなどの工夫も加え、火災に遭う前の年と比べて売上を5割も伸ばしたのです。その後父は生来のものづくり魂を発揮し、不織布の研究・開発を成功させてさらに業績を伸ばしていきます。

田中角栄氏の「日本列島改造論」が国内を席巻していた1972（昭和47）年、不織布の売上が伸びてきたことを受けて、社名を現在の「龍宮株式会社」に改めました。そして父は全国市場への販路拡大を目指して、日々西へ東へと駆け回っていました。

このように苦境に立たされても持ち前のバイタリティで活路を見いだしてきた父ですが、あるとき働く意欲がなくなり、さらには生きることへの気力まで失いかけたことがありました。

当時の本人の日記には「もういつ死んでもいい、人間はこんな虚脱感のときに自殺するのかもしれない」とまでつづられています。父をそこまで追い詰めたもの、そこにパシーマ誕生の鍵があります。

工場火災とオイル・ショック

当時社長をしていた父をここまで追い込んだ要因の一つは、工場火災を発端とする倒産の危機でした。

1974年、年の瀬も押し迫った12月29日のことです。当時は業績が好調で、次々に機械を増設していたところでした。加えてこれまでの設備も活かしながら有機的にライン生産ができるように、工場のレイアウトに工夫を加えるなどしてさらなる増産を目指していました。

その日も朝から機械を動かしており、夜勤の社員2人が不織布のラインで操業していました。すると午後7時半頃、けたたましいベルの音が鳴り響きました。それは火災の発生を知らせる非常ベルでした。あわてて状況を確認しようと工場へ向かったところ、第三工場から真っ赤な炎が出ています。

この第三工場は、約60メートルのラインが並ぶ主力工場でした。夜勤の2人の従業員と父、兄と私とで消火器で消そうとしましたが、焼け石に水といったレベルでとてもすぐに消せるような炎ではありませんでした。

その頃当社が作っていた製品は不織布や紙おむつなど、燃えやすい性質のものばかりです。火は勢いを増し、機械の周りに積まれていた製品へと瞬く間に燃え移っていきました。しかも時期は12月です。冬の乾燥した空気にあおられるようにして、炎は恐ろしい勢いで工場全体を包んでいきました。身の危険を感じた私たちは消火作業を諦め、安全なところに避難して、消防車の到着を今か今かと祈るような気持ちで待ちました。

消防車が到着しても、工場の中にホースを差し込むために工場のドアをドリルでこじ開けようとして時間がかかったり防火用水を探して右往左往したりと、消火活動はなかなか思うようには進みませんでした。そうこうしているうちに、私たちの目の前で工場は焼け落ちてしまいました。

その被害は甚大でした。原材料はもちろんのこと、この火事の前年に隔月で導入してきた最新鋭の機械がすべて焼けて使えなくなってしまったのです。

同じレベルの製品を作るには、同じものをもう一度そろえなければなりません。父は一刻も早く機械をそろえようと大阪の業者を回りました。もともと高額な機械ではありましたが、どれも二倍近い価格になっていました。というのもタイミングの悪いことに、この一年のうちに世の中はオイル・ショックに見舞われていたからです。一般的な商品の価格は戻っていたものの、機械の値段は高騰したままでした。

それでも、機械を買わなければ事業を再開することはできません。背に腹はかえられぬということで父は火災前と同じくらいの台数の機械を注文することにし、工場の復旧を目指しました。

社員一丸となった復旧作業　その頑張りが仇に

そして迎えた元日、全社員が焼け跡に集まりました。

主力工場が全焼してしまったため、復旧には早くても3～4カ月はかかるレベルの被害でした。

「全員が力を合わせ、1カ月で復旧しよう！」

社長である父の力強い言葉を社員の誰もが真剣な面持ちで受け止め、早速復旧作業に取りかかりました。新しい機械はすでに発注してあったものの、それらは即座に手元に届くわけではありません。新しい機械が間に合わないラインには古い機械の部品を交換するなどして対処したり、補修して使ったりと全社員で知恵を絞りながら一生懸命に復旧に取り組みました。

そうやって必死に頑張っていくうちに、2月の初めには操業を再開できる状態にこぎつけることができたのです。消費者からは「早く品物を送ってほしい」との要望が次々と寄せられていたので私たちはその声に応えようと、機械をフル稼働して対応しました。その結果1月にはほとんどゼロに近かった売上が、2月には火災前を超えるほどになったのです。社員が一丸となって頑張った結果でした。

ところが、思わぬところに落とし穴が待ち構えていました。

会社はいざというときに備えて利益保険に加入していました。これをあてにして新しい機械を次々と購入していたのですが、2月に火災前を超える利益を出したことが仇となってこの保険の適用外となってしまったのです。利益保険というのは利益が出なかったときのための保険であって、利益が出ている以上保険金は支払えないというのです。

保険が下りなかったので、すでに購入してしまった機械の支払いのためには多額の借金をしなければなりませんでした。この負債が後々まで重くのしかかり、会社にとっての悲劇を呼ぶことになります。

起死回生の新製品開発に成功するも突然の取引停止に

私たちはなんとか赤字を解消しようと操業時間を延ばして増産を図るとともに、全国の業者を駆け回って得意先の拡大をねらいましたが、なかなか思うとおりにはいきませんでした。

なかには手を差し伸べてくれる取引先もありましたが借入金は増える一方で、銀行は融資をしてくれません。命綱である中小企業金融公庫からはすでに借りられるだけ借りていたので、もう八方塞がりといった状況に追い込まれました。そしてついに操業以来、初めて給料遅配が出てしまいました。そうなると従業員も動揺します。さらに追い討ちをかけるように身内の不幸が重なり、父は相当つらい思いをしていたはずです。

会社は手詰まりの状態でしたが、父は次の一手を模索することをやめませんでした。不織布と脱脂綿を組み合わせた化粧綿の開発を進め成功させたのです。これが好評を得て、当時大手スーパーだったダイエーでの販売が始まりました。この新製品が順調に伸びていけば立ち直れるという希望の光が見えたところで、また振り出しに戻されるようなことが起きます。一日も早く借金を返したい、会社を黒字化したいという焦りが先走ったのかもしれません。製品管理が行き届いていなかったことが原因で、消費者からクレームが入ったのです。納入し始めてからわずか1カ月で、ダイエーから取引停止が言い渡されました。

中小企業にとって、大手企業との取引は安定した売上をもたらしてくれるものです。その一方で、取引が停止されたときのダメージは甚大です。ありったけの資金を投入し苦労を重ねて開発した製品が、山のように返品されてきてしまいました。

加えて長年取引をしてきた布団屋が倒産し、不渡りを出すといったことも重なりました。致命的な金額ではなかったものの、銀行の態度はますます厳しくなるばかりです。

資金繰りのめどはまったく立たず、もう打つ手がないというところまで追い詰められました。当時私は熊本大学に通っていて、ちょうど春休みで帰省していました。そんなタイミングで父から涙ながらに会社を手伝ってほしいと頼まれ、私は一年間休学して会社を手伝うことを決意したのです。

苦渋の決断

1977（昭和52）年父はギリギリまで資金繰りに奔走しましたが、数日後に決済の迫っている手形が不渡りになるのは目に見えていました。父は関係者に連絡をし、30社ほどの代表に集まってもらいました。その席で、こちらの事情をすべて話しました。

火災に見舞われその復旧を急ぐあまりに多額の費用がかかってしまったこと、利益保険が下りなかったこと、長年付き合いのある布団屋の不渡りを受けたこと、新しく開発した化粧綿がこちらの不注意で取引停止になってしまったこと……すべてを話したうえで、あとは債権者の指示を待ちました。

父の嘘偽りのない言葉が通じたのか、債権者の間で話がまとまり

「会社の在庫品はそのままにして手をつけないという条件で、明日の決済は、みんながそれぞれお金を振り込んで手形を引き取ることにしよう」ということになりました。こうして、不渡りを出すことはひとまず回避できました。

安堵して会社の敷地の入り口にある自宅でくつろいでいた夜11時頃、なぜか工場の前にトラックが停まるような音が聞こえました。不審に思って窓の外を見ると、そこにはライトをつけたままのトラックが停まっていて車内から数人の男性が出てきたのです。玄関口に姿を現したのは、S綿行という問屋の人たちでした。彼らは

「品物を受け取りに来た」

と言うのです。昼間の話し合いで債権者の総意として、在庫はそのままにして手をつけ

ないという条件で合意したばかりです。彼らは、その合意を抜け駆けして破ろうとしていたのです。元はといえばこちらが悪いので、父は頭を下げ

「皆さんにはご迷惑をおかけしましたが、ご承知のように、全員一致で手形はみんなで払ってくださることになりました。そのかわり品物はそのままにしておけということです。全債権者のお言葉がなければ、品物を動かすことはできません。警察を呼んでも、品物を守るように言われております。どうか、今日のところは勘弁してください」

と話しました。

相手は3人で、その後ろには運転手と助手が控えていました。こちらは父と兄、そして私。双方が玄関で睨み合うような形になりました。ひたすら頭を下げる父と、黙って睨みつける相手。そんな膠着状態が続いたあと、先方は根負けして

「じゃ、今日のところは帰ろう」

と言って引き上げていきました。

翌日、会社の事務所に債権者が集まりました。ありがたいことに、それぞれ開口一番に

「送金して私の手形は落としましたから、安心してください」

と言ってくれました。

ありがたい気持ちになる一方で、気掛かりなのは昨夜の騒動があったS綿行の人が現れないことでした。そうこうするうちに午後4時になって、銀行から一本の電話が入りました。その電話で告げられたのは
「S綿行の手形について、送金がないので不渡りになります」

という無情な知らせでした。

昨夜の騒動の腹いせかもしれません。せっかくほかの債権者が送金して手形を落とし、不渡りを防ごうとしてくれたのにこれではその厚意が無駄になってしまいます。債権者に事情を話すと、

「一日だけなら銀行は待ってくれます。たった一件の手形ならあなたのほうでなんとか落としておいて、あとでお願いしてみたらどうですか」

と言ってくれました。

しかし、父はそうしませんでした。確かにその手形一件であれば、なんとかなりました。でも一人だけ約束を守らなかった人の分を自分が払うことは、帳簿を見ることすらせ

ずに支払いまでしてくれた債権者を裏切ることになると考えたのです。

とはいえ不渡りを出すということは、経営者にとって何よりの屈辱です。債権者も、そのことはよく理解しています。父に向かって
「梯さん、あなたの誠意はよく分かった。でもここで不渡りを出したら、今まで一生懸命やってきたことが水の泡になるばかりか、あなたの名誉を汚すことになりますよ」

とまで言ってくれました。

それでも父は不渡りを出す道を選びました。自分の名誉よりも大事なのは、助けようとしてくれた皆の親切に応えることだと考えたからです。

地元を挙げての援助体制

不渡りを出した翌日から工場の機械はすべてストップすることになり、会社全体が静まり返っていました。火災のあと早く黒字化しようとフル稼働してきた工場は、命を失ったかのようでした。

事務員だけが書類の片付けをしていたところにやって来たのは、地元商工会の課長でし

た。不渡りの噂を聞いて、心配して訪ねて来てくれたのです。詳しい事情を説明すると
「商工会としてできることがあればなんでもしますので、遠慮なく言ってください」

と言ってくれました。

感謝の気持ちでいっぱいになっているところに、今度は信用金庫の支店長がやって来ました。

「今まであなたが割引きした手形で落ちなかったものは一つもありません。不渡り一回ですから、まだ銀行の取引停止になったわけではない。もうひと踏ん張りすれば、必ず再建できます。こちらも力を貸しますから、なんでも相談してください」

との温かい言葉でした。

さらには町役場の助役もやって来て、

「大変なことになりましたね。でも、役場でもできる限りのことをしますから、お役に立てることがあればなんでも言ってください」

と励ましてくれました。

こうした地元からの心強い応援を胸に、父は債権者会議の席についたのです。会議の議

題は会社をどう再建するのか、債権者がそれにどの程度協力するのか、配当をどうするのかといった内容でした。こちらから提案した再建案に出席者全員が賛同し、債権については全額を10年間の分割払いで支払うということで初回の会議は幕を閉じました。

その後、詳細な話し合いに入っていくうちに

「長く待つより少額でもすぐに支払ってもらうほうがお互いに良いし、会社の再建もしやすいのではないか」

という意見が多くなってきました。債権者も、それぞれ資金繰りに大変な思いをしているのだからそれは当然の意見でした。

さらに会議を重ね、議長の提案によって「負債の20％を6月に支払い、残り80％の債権については放棄する」という結論にまとまりました。迷惑をかけたうえに、負債の2割だけを支払えばよいという話に、父はしきりに恐縮していましたが債権者が口々に言ってくれたのは、

「龍宮さんが立派に立ち直ったら、そのときに少しでも穴埋めしてもらえばいいですよ」

というありがたい言葉でした。

債権者会議で結論が出た数日後には、吉井町長と吉井町商工会長が連名で「再建についてのお願い」という要望書を発行してくれました。しかも、その要望書は一回だけではありませんでした。各金融機関に宛てて、何度も龍宮再建を呼びかけてくれたのです。

なかには一つの営利企業のために役所がそこまで応援するのはおかしいのではないかと異議を唱える人もあったようです。しかし当時の吉井町長は

「龍宮さんという会社は、吉井町に出てきて以来ずっとまじめに頑張って働いてきた立派な会社です。そういう会社が今、苦境にある。ご援助できることがあればお助けするのは当然のことです」

と毅然とした態度をとってくれました。

この苦境にあって吉井町や吉井町商工会はもちろん、県の商工部、販売先、仕入れ先、そして社員が一丸となって温かい手を差し伸べてくれました。

父が会社を起こしてから30年。その仕事ぶりへの信頼もあったはずです。加えて、このような地元のバックアップ体制があったことは、債権者の心証を良くすることにもつながったのだと思います。

再建への道

こうして周りの人の親切に助けられながら、会社は再建への道を歩みだしました。とはいえ一度不渡りを出した会社に対して、銀行などの金融関係の目はシビアでした。これまでにも増して、資金繰りが大変ななかで再建を進めていくのは並たいていのことではありませんでした。

再建策を考えていくにあたって、父がまず考えたのは事業内容の方向転換でした。新しいものばかりを追い求めていては、リスクが高くなります。今の段階ではもっと事業内容を絞り、確実に利益をあげていくことができるようにしようと考えたのです。その考えにしたがって他社に先駆けて開発した不織布やナプキン、紙おむつなどの分野からの撤退を決めました。

というのもこれらの分野については大きな会社が進出してきて、資本力を活かして大量生産するようになっていたからです。品質では負けない自信があっても、まともに張り合ったら打ち負かされることは火を見るよりも明らかです。

これまで苦労を重ねて開発した不織布でしたが、転用できる設備を残して関連機械も処分することになりました。これに代わって主力にしようと決めたのが脱脂綿です。不渡りを出した翌月にこの方針を固めていたところに、福岡の「ハニー」という綿会社から脱脂綿加工の依頼を受け契約することができました。

やがてなんとか負債は払い終えたものの、資金繰りの苦労は絶えませんでした。主力を脱脂綿に切り替えたために機械の組み替えをし、生産設備の変更も必要になったからです。またハニーの注文に応えるために、生産工程の変更もしなければなりませんでした。

こういった方向転換の一方で、父は「新製品の開発によって一気に起死回生を図ろう」という考えも同時に抱いていました。

時代を先取りしたアイデアも不発

どんなに苦しい状況にあっても父は常に新製品の開発を考えていてまだ世に出ていないもの、よそにはできないもの、それでいて少しでも人の役に立つものを開発したいというものづくりの精神をもっていました。この頃に開発したのは、ガーゼに脱脂綿を取りつけ

パシーマの原型となった「清潔フキン」

た「プラスガーゼ」という製品です。これを基に何か新しいものができないだろうかと考えて救急セットを作ってみたものの、売上は芳しくありませんでした。

新しい製品を作ってはみるものの、なかなか売れないという状況を打破するべく開発した自信作が「清潔フキン」でした。脱脂綿にガーゼをつけたものを改良し、フキンとして売り出したのです。今でも、中に綿の入ったフキンは斬新なものです。実はこれが「パシーマ」の原型となります。

この商品で波に乗ろうという矢先、不運なことにハニーの工場が操業停止になってしまいました。ということは、私たちが受注していた脱脂綿加工の仕事もゼロになるということを意味します。

再建の道に暗雲が垂れ込めたとき父が悩んだ末にたどりついたのは、地場産業のパートナーになろうということでした。

地場産業のパートナーとなることに活路を見いだす

父は以前日本中を相手に商売をすることを目指して販路を拡大したり、世界を相手にしようと台湾・シンガポール・インドネシアなどへの海外進出を進めたりしていました。常に意識が外へ外へと向いていたのです。

しかし、これからは初心にかえって足元をしっかりと固めようと考えるようになりました。地域の役に立ち、信頼される仕事をしよう――。父がそんな考えに至った背景には、不渡りを出したときに温かい手を差し伸べてくれた地元の人たちの存在がありました。技術やアイデアを地場産業に提供することで、あのときの恩返しができるのではないかと考えたのです。

もともと九州は地場産業が発達しているエリアです。例えば木工の分野でいうと、筑後川流域は古くから木工家具の製造が盛んでした。その家具のクッション部分にはウレタンを使用していましたが、それを当社の固綿を使ってみてはどうかと試作して持って行ったところ、たいへん喜ばれました。

これを皮切りに、次に考えたのは綿入れ半纏でした。綿入れ半纏は久留米から筑後にかけての特産品の一つです。それまで、半纏の綿には布団綿をそのまま使っていました。しかし私たちの会社には以前不織布を開発したときに考案した、熱加工による独特の綿がありました。この綿には従来の布団綿と比べて粘りがあるため破れにくく、一枚で作れて作業性も良いうえよく膨れるという性質がありました。

この綿を持って行って提案したところ、大変な評判となりほかの半纏綿メーカーもすぐにまねするようになったほどでした。

熊本と福岡の筑後地方の名産である「い草」にも目をつけました。当時、い草で夏用のクッションを作る際に、中に詰めているのはウレタンでした。せっかく通気性に優れたい草を使っているのに、その中に詰めているウレタンには通気性や吸湿性がありません。夏の湿度が高くて気温も上がる時期には不向きな素材です。そのうえ冬には結露し、カビやダニが発生する原因にもなります。そこでウレタンの代わりに硬めの綿を提案したところこれも大当たりとなりました。

また、九州で生産の盛んな切り花の水分補給用に使われているのもウレタンでした。これを綿に代えて試作してみると、使い勝手の良いものができました。

このように地場産業用の製品を開発すると、どれも上々の評判を得ました。ただ試作の段階で先方に提案をしていたので、こちらのアイデアだけを取り入れて、他社の綿を使って製品化されるという悔しい経験もしました。ただこのときに新しいアイデアについて特許を取得しておく大切さを身に染みて感じたことは、のちにパシーマを開発する際に活かされることになります。

とはいえ新しい製品を開発するためには開発費もかかりますし、機械の変更や改造をする必要もありました。そのためには当然労力もかかるわけで、資金面では相変わらず苦しい状態が続きました。

逆境でつかんだ新製品開発の糸口

そのような逆境のなかで、父はアトピー性皮膚炎をこじらせていったのでした。

ちょうどその頃、日本においてアトピー性皮膚炎は社会問題化していました。今ではきちんとした治療のガイドラインが定められていますが、当時は皮膚科医と小児科医で見解が分かれていました。小児科ではアレルギーや食物の関与が強調されたのに対し、皮膚科では食物の関与は否定的に考えられ皮膚のバリアの障害が重視された治療が行われたのです。

また原因が衣食住にあるとされたことも、アトピーの子どもを抱える親を中心に混乱を呼びました。さらにマスメディアなどによってアトピーについての情報が発せられることが増えると、よりいっそう人々の不安をかき立てることになりました。かつてアトピーはほとんどが未就学児に見られる疾患でしたが、１９８０年代に入ってから成人にもよく見られるようになってきていました。

父の場合、最初に症状が出たのは56歳のときでした。それが悪化したのは会社の再建と新商品開発に必死になっていたタイミングです。疲れやストレスがたまったことが引き金となって、症状が一気に悪化したのかもしれません。皮膚炎が全身に広がり、耐え難いかゆみに悩まされていました。

病院に通い注射を打ち、光線を当て塗り薬を塗り飲み薬を飲むという生活で、少し良くなったと思ったらまたぶり返しては、強い薬に変えるということを繰り返していました。一時は働く意欲がなくなり、さらには生きることへの気力まで失っていました。父は激動の時代のなかで会社を興し、度重なる困難を乗り越えてきました。そんなパワフルな人が死を考えるほどに思い詰めたということは、相当苦しかったのだと思います。

このままでは耐え難いということで、信頼していたかかりつけ医に相談したところ、返ってきた答えは

「そんなにつらいのなら、薬の量を半分にしたらいい」

というものだったそうです。

アトピーを治したいがために医師の言うことを守って大量の薬を飲んできたのに、そんな言葉をかけられて愕然とした瞬間、彼の脳裏に浮かんだのは次のような思いでした。

「自分と同じようにアトピーやアレルギーに悩み、薬の副作用で悩んでいる人たちがたくさんいるに違いない。自分自身のために、そしてその人たちのために、薬に頼らずにアトピーやアレルギーを防ぐことのできる寝具を開発しよう」

このときの思いが「パシーマ」の開発の端緒となりました。

日本人の住環境の変化と増えるアレルギー

医師の言葉をきっかけにアトピーのひどい症状を和らげるような寝具が作れないものかと考え始め、最初に手をつけたのが畳の研究でした。当時、日本は高度経済成長を経て戦前と比較すると衣食住を巡る環境が大きく変化していました。

伝統的な日本家屋は、主に木と土と紙で作られてきました。木の柱に土の壁、紙の障子。それは日本の高温多湿な気候のなかで暮らしていくための多くの知恵が集積された住まいの形でした。

しかしそれがマンションに代表されるような気密性の高い建物に変わっていくと、床や床下にカビが生えたりダニが発生したりすることが増えました。カビやダニの死骸やフンなどはアレルギーの原因となります。日本人にアレルギーをもつ人が増えたのは、住環境の変化と無縁ではないとも考えられています。カビやダニを防いだり取り除いたりするために、防カビ剤や防虫剤、殺虫剤が使われるようになりました。しかしこれらは生物を殺すための薬剤ですから、人体に大きな影響はないとされていてもまったくの無害であるとは言い切れません。

そういった薬剤を使わなくてもよいようにということから、新しい畳も登場していました。畳の内部で腐ってカビを発生させるワラの代わりに、プラスチックや発泡スチロールを詰めた畳が出回るようになったのです。しかしこれには保温や断熱の効果はあるものの、通気性や吸湿性がないために今度は結露やカビの被害が出るようになりました。

私たちは住宅メーカーではないので、家屋の構造をどうこうできる技術はありません。しかし父は自分たちが手掛けている脱脂綿や固綿を使うことで、新しい家屋構造のなかでできる限り人間の体に良いものを作れるかもしれないと考えたのです。

そして取り組んだのが畳の研究だったのです。当然、研究開発費の壁にぶつかり補助金の一部を活用することはできましたが、それでも足りない部分は中小企業金融公庫からお金を借り、それを返してはまた借りるということを繰り返しながら研究を続けていきました。

きっかけは幼少期のアイデア

畳の実験を繰り返した結果父はベニヤ板に多数の穴をあけ、その両面に固綿を圧着して作った通気性に優れた畳床「龍宮畳（りゅうぐうじょう）」を開発しました。これを利用した硬い敷布団やベッド、ローソファーも次々と製品化し、東京と京都で一年おきに開催されていた「畳博」で好評を得ました。

1989年3月には、福岡県発明協会から「優良賞」を授与されるなどの評価も受けました。各方面でアイデアを認められはしましたが、だからといって売上が急に増加するわけではありませんでした。しかも、開発のきっかけとなったアトピーは一向に改善しません。

そんななか、父の脳裏に浮かんだのは幼い頃の記憶でした。父は幼い頃から家業の綿工場の仕事を手伝っていました。工場では原綿を仕入れて綿にしたり、古綿を打ち直したりしており、綿を運んだり親が働いている間に弟の世話をしたりといったことをしていたようです。

自転車に乗れるようになると、綿の配達にも出かけるようになりました。村から10キロ離れた町へ、3袋の綿を届けていたといいます。綿というと軽いもののように思われるかもしれませんが、縦横35センチメートル、長さが80センチメートルほどの袋を3つというのは8歳の子どもには大荷物だったはずです。しかも現在のようなアスファルトで舗装された道ではなく、田舎のデコボコ道を大人用の自転車で行くのですからなかなかの重労働です。

そうやって綿が身近にある環境に育った父に大きな影響を与えたのが脱脂綿との出会いでした。1925（大正14）年、父が9歳になった頃、父の叔父にあたる人が脱脂綿の製造工場を始めたのです。それに伴って、脱脂綿の原料になる綿を持って行ったり、できあがった脱脂綿を乾かすために運んだりといった手伝いをするようになりました。

脱脂綿というのは綿花の種子に生える毛を脱脂・漂白して成形したもので、医療用に作られています。日常生活のなかでは、使用する用途に合ったサイズにカットされた「カット綿」を目にすることが多いかもしれません。

父は、自分の家の綿工場で原綿を綿の状態にしたものを脱脂綿工場に配達していました。脱脂綿工場では、綿を釜の中に詰めて苛性ソーダで煮ます。次に晒し液の槽に浸けて晒し、水で洗って脱水機で絞ります。昔は乾燥機などありませんでしたから、最後に天日で乾かします。脱脂綿を作る工程はこの作業の繰り返しでした。

当時は脱脂綿といえば、高級品の一つでした。一般的な日給が10~15銭だった時代に、250グラム入りの脱脂綿が30銭で売られていました。使途はほとんどが女性の生理用でしたが、清潔で体に害がないので傷の手当てにも使えます。

家業を手伝ったり脱脂綿の工場へ手伝いに通ったりするうちに、父はさまざまなことを学び取っていきました。そのうえでどうすれば綿を合理的に作ることができるのか、綿をどんなものに利用できるのかを真剣に考えるようになったそうです。そして浮かんできたのが次のような考えでした。

「そんなに体に良いのなら、もっとほかにも使い途があるのではないだろうか。例えば、綿工場で製造している布団用の綿に脱脂綿を使ってみたらどうだろう。清潔で気持ち良く、おまけに体に良いのなら、毎日使う布団にこそ最適だ！」

本人にとっては、とてつもない大発見のように思えたはずです。勢い勇んで父親に伝えたところ、

「バカ、そげんこつ（そのようなこと）ができるか。脱脂綿は水をよう吸うけ（よく吸うので）。水を吸うたら布団はボテボテするし、重うなるし、おまけにあとで膨れんようになる。脱脂綿は布団に使えんとじゃ」

と頭ごなしに否定されたそうです。

それは当時の常識からすれば妥当な答えでした。脱脂綿を布団に使うなどというアイデアは、誰も考えたことがなかったのです。

少年時代の父の頭にひらめいた「布団に脱脂綿を使う」というアイデアはその場では否定されてしまいましたが、父のなかにずっと息づいていました。そして自分と同じようにアレルギーに苦しんでいる人のために役に立つ寝具を作ろうとしたとき、60年の時を経て再び浮かび上がってきたのです。

原料となる綿（原綿）

　第2章　先細りする業界……苦境を救った革新的なアイデア
　　　　誕生の原点は創業者が温め続けた「願い」

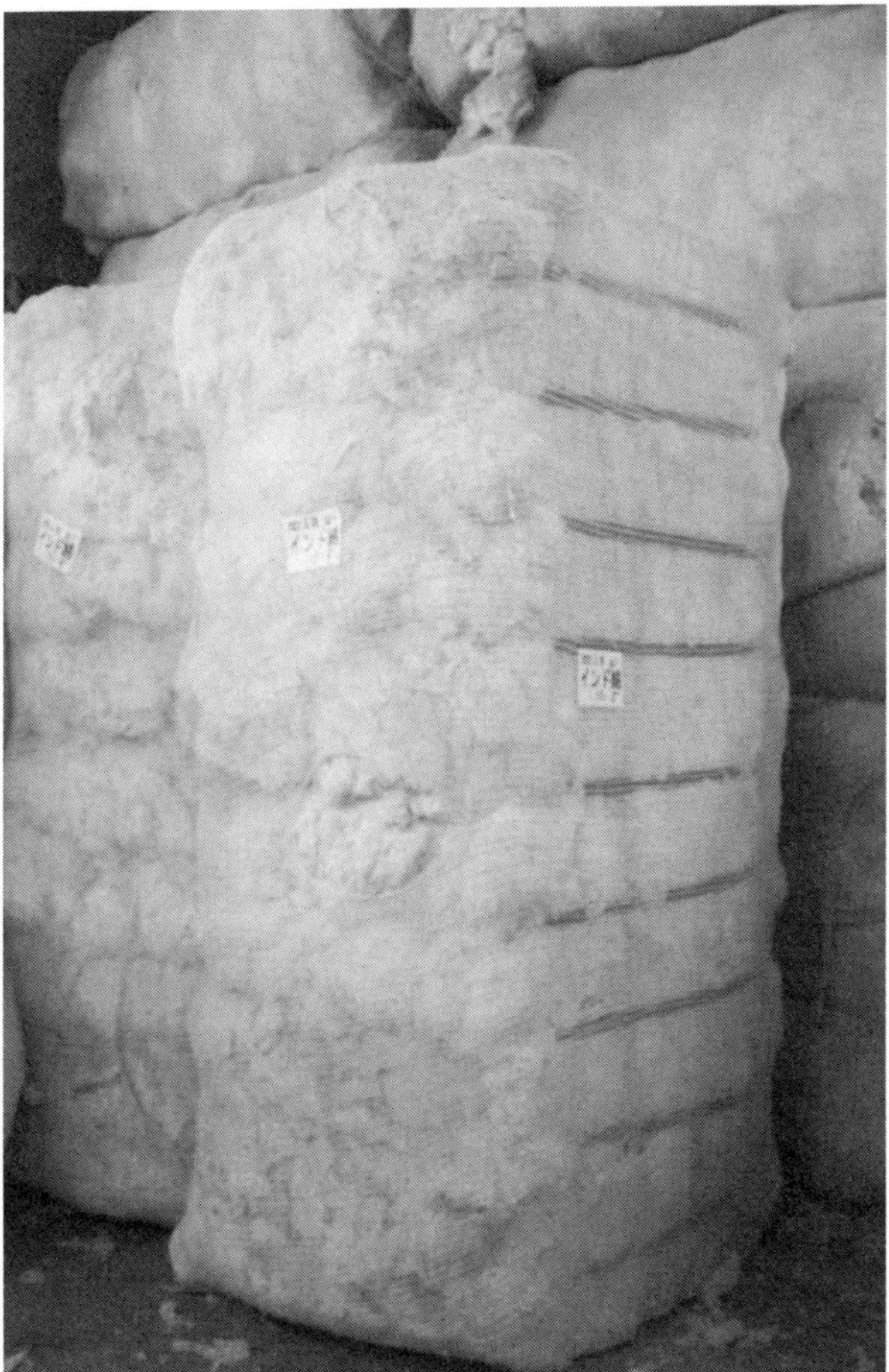

常識破りの脱脂綿

父がアトピーに苦しんでいた頃、健康に良いと謳った寝具が次々に登場していました。遠赤外線を使ったものや磁力を使ったもの、低周波やイオンを発生させられるもの、さらには眠りを誘う匂いをつけたものなどもありました。素材や布地についても、防臭加工や防ダニ加工、難燃加工などが施されるようになりました。

美しさや機能を追求した製品を作ろうとすれば、生地を加工したり仕上げをしたりする際に使われる薬剤も増えていきます。染料、防縮剤、仕上げ剤、防水剤、帯電防止剤、吸湿加工剤、防虫剤、糊料、防腐剤、柔軟剤……。こんなにさまざまな薬品を使っていて、薬害は起こらないのだろうか？　そんな考えに至った父の脳裏によみがえったのが、少年時代にひらめいた「布団に脱脂綿を使う」というアイデアでした。

今こそ脱脂綿を使った布団を作ろう！

私たちの会社で扱っているもののなかで人体に害がなく、しかも寝具に応用できるのは脱脂綿と医療用のガーゼです。傷口に直接触れる脱脂綿や医療用のガーゼは当時、医薬品として日本薬局方によって製造方法が厳しく規定されており、安心して人体に使用することができました。

この無添加の脱脂綿とガーゼを使った、まったく新しい寝具が作れないだろうか――そこから父の試行錯誤が始まりました。幸い脱脂綿とガーゼを使用した布団を作るにあたって、必要な資材と機械はそろっていました。単純に言ってしまえばガーゼで脱脂綿を挟み、中の脱脂綿が偏らないようにキルト加工をすればよいわけです。

試作品の第一号はすぐに完成しましたが、一つ問題がありました。確かに医療用ガーゼと脱脂綿の組み合わせは、傷口に使えるほど安全性が証明されたものに違いありません。しかし寝具に使うということを考えると、父が子どもの頃に指摘されたとおり脱脂綿は水をよく吸う性質があるため、寝ている間に出る水分を吸収し重くなります。そして一度水分を吸うと硬くなって戻らないので、布団のふかふかした感じは失われてしまいます。さらに、洗濯すると綿が片寄ってしまうのです。

この課題をどのように解決するか――これが、長い開発の道のりのスタートでした。

［第3章］

開発直後に直面した壁、難航する製品化……常識破りの「不純物（ポリプロピレン）」の採用で活路を拓く

難航する製品化

父は初代パシーマともいうべき試作品を手に、本格的な製品化へ向けて動き始めました。

初代パシーマには脱脂綿とガーゼが使われていましたが、次のような課題がありました。一つ目は、中綿となる脱脂綿がよれやすいということです。よれるのを防ぐためにキルト加工をしていましたが、製品として売り出すにはまだ改良が必要でした。

二つ目は脱脂綿はホコリが出やすいことです。医療用の脱脂綿は一回使ったら捨てる「使い捨て」のため問題はありませんが、毎日使う寝具となるとそれでは困ります。

三つ目はガーゼの強度です。最初に使用していたガーゼは、度重なる洗濯には耐えられませんでした。そもそも医療用のガーゼは使い捨てを前提に医療の処置に使いやすいように作られており、何度も洗濯することは想定されていません。そのため当然といえば当然のことではありますが、清潔さを保てる寝具として売り出すうえで頻繁に洗濯することに耐えられないのは致命的な問題でした。

四つ目はパシーマのサイズです。通常のガーゼを織る機械が作れるサイズには限界があります。しかし既存のガーゼを使って作った初代パシーマには、一般的な寝具の規格からするとサイズがやや小さいという問題がありました。

品質向上のかぎとなったのは「不純物＝ポリプロピレン」の混合

一つ目の課題である「中綿がよれやすい」という問題は、パシーマを製品化していくにあたってどうしてもクリアしなければならないものでした。

不純物を徹底的に取り除いて作られている脱脂綿と、医療用の厳しい基準に則って作られているガーゼを使って安心安全な寝具を作ろうというのがパシーマの原点です。しかしその二つの資材だけでは、快適な寝具を作るというゴールには到達できずにいました。そこで父の頭にひらめいたのが「『ポリプロピレン』を混ぜてみたらどうだろうか」というアイデアでした。

鉄も純度の高過ぎる鉄では、役立つものになりません。わずかな炭素（不純物）を加えることで工業製品の材料に適した鋼鉄や鋳鉄になるのです。半導体もシリコンだけでは半

生地による保温性の違い

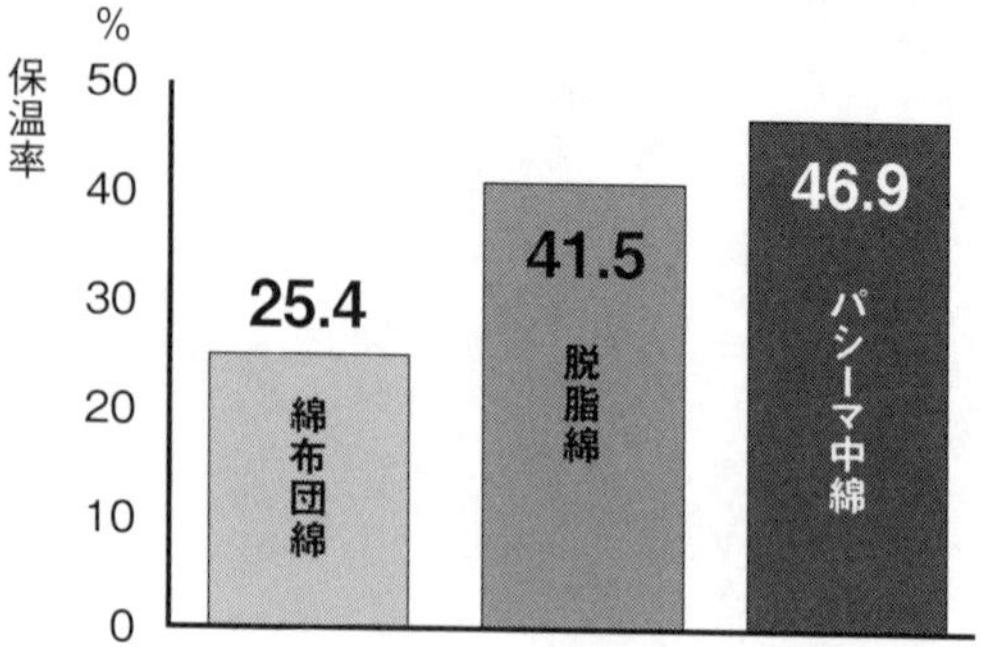

福岡県工業技術センター調べ

導体になりません。わずかな不純物を入れることで初めて半導体になります。

パシーマを開発する以前、父は不織布の開発を手掛けていました。その頃に世界の展示会をあれこれと回っていたのですが、そのなかの一つとしてアメリカの展示会を見に行ったときのことがヒントとなりました。

その展示会で目にしたのが「ポリプロピレン」でした。ポリプロピレンは化学繊維ではありますが、人工臓器にも使われるような化学的に安定した素材です。脱脂綿に混ぜることで脱脂綿の繊維を固定するような働きをします。そのためポリプロピレンを混ぜることで、脱脂綿の良さは活かしつつも、その弱点を補うことができるのではないかと考えたのです。

ポリプロピレンの綿は繊維を作る際に薬品が使われていますが、脱脂綿にポリプロピレンを混ぜたあとに長時間かけて精練漂白していく過程で除去されます。そのため、パシーマが安全安心であることには変わりありません。むしろポリプロピレンを入れることで中綿がよれるという問題が解決されるばかりか、洗濯後に乾きやすくなり、さらには洗濯によって風合いが増すというメリットがあることも分かりました。もともと脱脂綿は通常の布団に使う綿よりも保温性が1・5倍も良いのですが、ポリプロピレンを入れたことで一般的な綿の布団綿の約2倍の保温性を実現することもできました。

一口にポリプロピレンといっても、さまざまな種類があります。サンプルを分けてもらってきてパシーマに最適なものを突き止めるため、何度も試作を繰り返しました。

私たちがいちばん悩まされたのは、ポリプロピレンをどれくらいの割合で混ぜるのかということでした。

脱脂綿だけを使った初代パシーマでは洗濯をすると硬くなり、まるで紙のようになってしまっていました。そこに少しずつポリプロピレンを足していくことで、ふんわりとした感じを保つことができます。ポリプロピレンの割合を少しずつ変えていくつも試作品を作り、自分たちで実際に使ってみて、「これではまだ硬いからもう少しポリプロピレンの比率を高くしてみよう」などという微調整を繰り返しました。その結果、脱脂綿85%にポリプロピレン15%という割合が最適であるという結果にたどり着くことができました。

地味な作業ではありますが、洗濯などへの耐久性を調べるためには一定の期間が必要となることもあってこの比率を導きだすまでの試行錯誤には約10年の年月を要しました。

綿の加工の工夫

パシーマをさらに安全で快適な寝具にしていくために、綿の加工にも工夫を加えました。

ポリプロピレンは綿の中に均等に混ぜる必要があります。機械を使ってかきまぜていくのですが、スパイクと呼ばれる釘のような部品でよくかきまぜてほぐしながら異物も除去していきます。この工程でできるシート状のものは「ラップ」と呼ばれていて40～50年前

綿をかきまぜながらほぐしていくスパイク

までは主流でしたが、今では前時代的なものとしてほとんどの工場ではラップ工程は行われていません。

しかし私たちの会社では徹底的に異物を取り除くために、あえて残すことにしました。異物除去装置も併用しながら最後は人間の目でチェックし、徹底的に異物を除去しています。というのもこの段階なら異物を簡単に除去できるのですが、脱脂綿にガーゼをつけてからだと、仮に異物が見つかったとしても除去するのには大変な手間がかかるからです。

綿の重ね方にも工夫があります。繊維の方向がクロスするように重ねることで、綿が乱れにくくなるのです。また1層ごとの厚さはどれだけ均一にしようとしても、どうしても凹凸が生じます。しかし複数の層を重ねることで、厚い部分同士や薄い部分同士が重ならないように組み合わさって、製品になった時点で均一な厚さにすることができます。

また、使い捨ての脱脂綿には短い繊維が混入しておりホコリっぽいのです。長い繊維のみを選りすぐり繊維を傷めないように多段階でゆっくりほぐし、また弾力のある綿を使うことでホコリも少なく膨れの良いパシーマを作ることができ、ほかにはない一品に仕上げることができます。

このように開発の過程において、長年にわたり脱脂綿に携わってきた経験が存分に活かされました。

100回の洗濯に耐えられる強度をもつガーゼを求めて

脱脂綿はもともと自社で作っていたために、すでにもっていた技術を駆使したり応用したりすることができました。これに対して、完成までの長い道のりを手探りで進むことになったのはガーゼです。

初代パシーマに使用していたガーゼは医療用なので、通常のガーゼと違って蛍光染料や仕上げ剤などをいっさい使っていません。安全性の面では自信がありましたが、洗濯を繰り返すと徐々に綻んできてしまうという壁にぶつかりました。

もともとガーゼは医療用としてドイツから入ってきたもので、甘く撚った糸を粗めに平織りしたあと、晒してソフトに仕上げた生地です。粗く織られているので融通性がありますが、強い力がかかると乱れてしまいます。決して強い生地ではありません。

当時アレルギーの原因はダニやホコリであると言われていて、健康寝具を作ろうとしている以上「気兼ねなく頻繁に洗濯機で丸洗い」ができて清潔さを保てることは外せない要件でした。

ガーゼの強度や手触りを左右する要素にはガーゼを織るのに用いる糸の太さを表す「番手」と、1インチあたり糸を何本使っているのかを表す「打ち込み数」があります。

「番手」というのは「一定の重さに対して長さがどのくらいあるか」を表した単位です。具体的には1ポンドあたりの長さで決まり、数値が大きいほど糸は細くて軽量になります。例えば「1番手」というと「重さ1ポンド（453・6g）あたりの長さが840

ヤード（768・1m）の糸」と定められています。糸の番手は、生地の手触りを左右する大事な要素です。パシーマの肌に触れる部分はガーゼなので、触り心地に直結する重要なポイントとなります。タオルなどは20番手ですが、パシーマはさらに繊細な40番手を使ってソフトさを出しています。

次に「打ち込み数」というのは1インチ（2・54㎝）四方に使われる糸の本数のことですが、一般的なガーゼの打ち込み数は60本です。当初、パシーマ用のガーゼにはそれを上回る95本の糸を使っていました。さらに、そこから少しずつ本数を増やしながら試行錯誤し、最終的には108本にまで増やして現在に至っています。

正直なところ「ガーゼ」というよりは、「織物」に近い本数だといえます。これとガーゼの強度を弱らせない精練の方法でガーゼ独特の肌触りの良さは保ちつつも、生地の強度は飛躍的に上がりました。現在パシーマに使用しているガーゼは、100回洗濯しても問題ないことが確認されています。

快適に使えるサイズへの挑戦

中綿の問題がポリプロピレンによって解決し、ガーゼの強度を上げて頻繁な洗濯にも耐えられるようになりました。

次なる課題となったのは、パシーマのサイズでした。パシーマは赤ちゃんからお年寄りまで、安心して使える製品を目指しています。ベビー用品としてのサイズに問題はありませんが、パシーマを介護用のベッドで使うことを考えると試作の段階では幅が足りませんでした。というのも、病院のベッドの規格は幅が85㎝です。これに対応する幅のパシーマを作ろうとすると90㎝×2で幅180㎝のガーゼが必要になるのですが、地元にはこの幅のガーゼを織ることのできる設備のある工場がありませんでした。

そのため幅の広いガーゼを織れる工場を探し回ってガーゼを他社から仕入れていたのですが、紆余曲折を経て最終的には自社でガーゼも織ることになりました。脱脂綿もガーゼも自社で製造するようになったことで、自社一貫生産体制を構築することができました。

これによって、パシーマが急激に売れ始めたときに材料が足りなくて作れないという事態を防ぐこともできました。

やがてパシーマを取引のある寝具専門店に置いてもらうようになってくると、掛け寝具としてのパシーマには、もう少し長さが欲しいという声が上がるようになりました。そのため、最初は長さ200㎝で作っていたものを220㎝にと伸ばしました。そして、足元を包むようにして使うとさらに暖かさが感じられるということで、最終的には240㎝という長さに落ちつきました。身長の高い人にも足りる長さになっています。

ブレない「ものづくりの魂」

私たちは長年脱脂綿を作ってきた会社なので、パシーマの中身の脱脂綿には相当なこだわりをもっています。しかし通常、寝具を購入する際に中身を見ることはできません。唯一頼りになるのは品質表示ですが、それでもどこの綿を使ったのかまでは分からないのです。

パシーマはポリプロピレンを混ぜることにしましたが、展示会に出すと必ずといっていいほど聞かれるのが、

「綿100％ではないのですか？」

という質問です。

このように直接聞かれれば私たちも説明できるのですが「綿85％　ポリプロピレン15％」という表示をチラッと見た途端、黙ってその場から立ち去っていかれることもあります。本当は「綿100％でないからこそ良いのです」と伝えたいのですが、化学繊維は良くないという考えから綿100％を求める消費者が一定数存在するのは確かです。

しかし脱脂綿を使った寝具の場合、綿100％だと間違いなく中綿がよれます。そこにポリプロピレンを加えることで洗濯機でネットも使わずにザブザブ洗えますし、乾きも早くなります。綿100％の場合に比べて通気性が増し保温性も高くなり、さらには製品が長持ちします。

鉄や半導体の例と同じで脱脂綿にポリプロピレンという異物を混ぜなければ、これらの性能を出すことはできません。

パシーマが売れるようになるにしたがって、同じように脱脂綿を使った寝具が出てくるようになりました。なかにはパシーマが化学繊維を使っていることを引き合いに出して、

「ウチは脱脂綿しか使っていません」という売り出し方をする会社もあります。

しかし脱脂綿100％ではホコリも多いうえに膨れも悪く、さらに綿が片寄るなど、消費者にとって使い勝手の悪い寝具となってしまいます。そのために脱脂綿を使った寝具は良くないと世間に認識されてしまっては、今までの私たちの苦労が水の泡です。そうならないように、ホコリが少なく膨れの良い脱脂綿を採用したパシーマのことを多くの方に知ってもらわなければならないと考えています。類似品が出たということはそれだけパシーマが認知されたことの証拠でもあり、ある意味うれしいことでもあります。

今後品質が同等の製品が出てきたとしてもパシーマを選んでもらえるように、私たちはこの「一品」を守りつつ育てていかなければならないと考えています。

開発に成功するも売れないという現実

初代パシーマからさまざまな改良を経て、納得のいく製品となったのは1992年のことでした。そして翌年、福岡県発明協会から最高賞である「特賞」をもらいました。受賞したことは光栄なことでしたが、だからといって急にパシーマが売れるようになるかというと、そんなことはありませんでした。

「パッドにもシーツにも、マットにもなる」という意味で「パシーマ」と名付けられたこの製品ですが、シーツとしては値段が高過ぎたのです。発売当初、九州と山口県の個人商店に、布団綿などといっしょにパシーマを営業車に積んで売りに行っていたのですが、

「いらんことせんでから、いつもの商品だけでよかよ（いいよ）」

とにべもなく断られることが日常茶飯事でした。

当時は羽毛布団の最盛期でした。「海外製の高級品」という触れ込みやブランド力のある商品であれば高くても売れていましたが、シンプルな商品そのものの品質の良さや価値が理解されにくい時代でした。

「ガーゼと脱脂綿を合わせただけでしょ？　なんでこんなに高いの？」

と言われたこともあります。また、

「違う素材なら高く売れるばってん（けど）、綿じゃそげん（そんなに）高く売れんばい（売れないよ）」

と言われたこともありました。

寝具専門店ではガーゼだから夏の間は店頭に置いてもらえても、冬になると返品されてしまうということもよくありました。パシーマの使い心地は「夏には涼しく冬には暖かい」ということをどれだけ口頭で説明したところで、実際に使ったことのない人には「冬に暖かいのなら夏は暑かろう」と、売りたいがために矛盾していることを言っていると取られて、なかなか理解されませんでした。

大学機関との連携によるエビデンス獲得

そんなわけで、パシーマを売るにはどうしたらよいのかと頭を抱えていたときのことです。特許の申請などでお世話になった人から、

「睡眠の勉強したらどうね？」

というアドバイスをもらいました。

寝具ですから睡眠は切っても切れない存在なのは当然ですが、パシーマはアトピーやアレルギーに苦しんでいる人のためを標榜して開発を始めていたので睡眠そのものは完全な盲点になっていました。

それから私は睡眠の勉強を始め、東京などで行われる学会の発表を聞きに行くようになりました。

私がパシーマの展示会などで多くの消費者と接するなかで感じていたのは、その商品を作っている会社の社員がいくら言葉を尽くしてどんなに良い商品なのかを説明しても、なかなか聞く耳をもってもらえないということです。それよりも、権威や実績のある人が書いた本を示して「ここにこう書いてある」とか、「誰がこう言っている」と言ったほうが聞いてもらえるのです。

パシーマを売り始めたとき、

「この商品は丸洗いできるから清潔なんです！」

とどんなに主張しても、布団店の人たちは「それがどうした」という姿勢でした。ところが国が厚生白書で「布団は丸洗いできるのがのぞましい」と発表し、東洋紡が「洗える布団」を発売した途端、掌を返したように丸洗いできることの価値を認めるようになりました。

地方の弱小企業の言うことになど誰も聞く耳をもってもらえなかった悔しさ、どれだけ主張しても誰も関心を払ってくれない悲しさ――そういった経験から、私たちのような企業はエビデンスで理論武装していくしかないと考えるに至りました。

そして私は日本睡眠環境学会に顔を出すようになったのですが、当時学会で地方の寝具メーカーの担当者というのは異質な存在でした。聞きたいことを聞こうとしてもたらい回しにされてばかりといった状況のなか、東邦大学の奥平進之助教授と出会う機会がありました。

奥平先生は睡眠の研究者で、脳波の面からのアプローチをしていました。幸いにもパシーマに興味をもってもらい、研究をしてもらえることになりました。睡眠に影響を与える因子には、身体条件や環境要因などさまざまなものがあります。そのなかで寝具は大切な要因の一つであるとし、パシーマを使って睡眠中の寝床内気候や生理的反応を検討する研究をしてもらいました。夜11時から翌朝7時までの脳波と体動観察のほか、直腸温と皮膚温、そして胸・上腕・大腿・下腿・足背の温度を測定する実験が行われました。

残念ながら脳波という観点からは、期待していたような特別な結果は出ませんでした。ただ寝つきの良さに関係の深い「直腸温」の低下が通常の寝具よりも早く、パシーマを使

う と「寝つきが良い」ということが明らかになりました。

しかし、当時の私はそれがすばらしいことだとは認識していませんでした。

「せっかく脳波の実験をしてもらったのに、分かったのは『寝つきが良い』ということだけか……」

というのが正直な感想でした。寝つけなくて困っている人が大勢いるというのに。

その後も知り合った大学の先生になんとか研究をしてもらおうと、パシーマのサンプルを添えて大学の先生に手紙を出し続けていました。

するとそのなかの一人の先生から連絡がありました。

「まるで子どものときのように眠れました」

というられしい感想とともに、ぜひ研究したいという旨の返事でした。

それは奈良女子大学の登倉尋實教授で、天然繊維の研究をライフワークにしている先生でした。

こちらとしては、

「多額の研究費を出せるほど、資金に余裕はないのですが……」

ということを正直に伝えたところ、

「消耗品の費用くらいでいいですよ」

というありがたい条件で研究してもらえることになりました。

この研究では睡眠中の直腸温度、皮膚温度（左胸部・左足背部）、寝床内温度（背部）と血液や尿を起床時に検査するというもので、睡眠に対するOSA睡眠調査票での評価も行われました。

直腸温は東邦大の研究と同様、寝床に入ってから最初の4時間において、ほかの寝具に比べて低い値を示す傾向がありました。このことが深い睡眠を導き、有意に（偶然とは考えにくく、意味のある）寝つきの向上を促したと考えられます。また、この実験では睡眠中にカテコールアミン（アドレナリン・ノルアドレナリン）という物質の分泌量が有意に少なかったことも明らかになりました。これは、体がより深いリラクゼーション状態であったことを意味します。

さらに血清中のAGPの値が有意に低く、Tfの値が有意に高かったことにより起床後の体がストレスフルな状態ではなかったと推測されるとのことでした。以前の実験で明

パシーマと通常の寝具の直腸温の違い

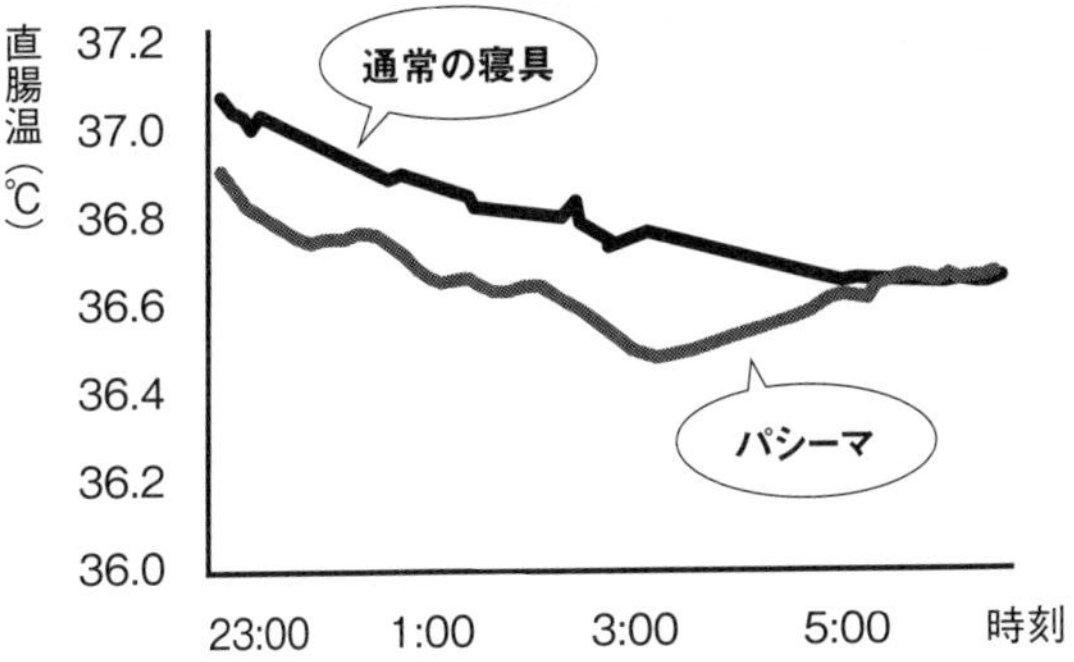

奈良女子大学調べ

らかになった「寝つきが良い」ことに加えて、「リラックスして眠れている」ということが証明されたことになります。そして、それらの結果は、「免疫力が上がる」ことも示唆しているという結論が出ました。

また「肌触り」という感覚的でなかなか言葉では説明しにくい部分については、福岡女子大学の深沢先生の研究により確かなエビデンスとして証明することができました。この研究では、手による触感評価と力学特性の測定が行われました。

力学特性の測定ではKES‐Fシステムを用いて、引張り特性、圧縮特性、表面特性、熱的物性を測定しました。その測定値から、基本風合い値であるコシ（KOSHI）やぬめり（NUMERI）、ソフトさ（SOFUTOSA）、シャリ（SHARI）を算出しました。

これらの基本風合いのうちソフトさ（SOFUTOSA）については、洗濯によって良好となる結果が出ました。パシーマの触感は、洗濯によってなめらかさが低下するものの逆に柔らかい毛羽立ちとパシーマの中の空気感が増加することが明らかになりました。これが「使用するほど良好な肌触りになる」という評価につながっていることが分かりました。

こういったエビデンスを示すことは、店頭で社員が「洗濯するほど風合いがあがります」と伝えるよりも説得力があります。

このほかにも、パシーマに関する研究には乳児の夏季の寝床内気候に関するものや、乳児の寝床内気候と睡眠への影響、シーツの違いが低温環境での入眠過程に及ぼす影響などを調べたものがあります。

さまざまな研究が行われるごとに、今まで言語化が難しかったようなパシーマの価値が説得力のあるものになっていきました。こういった大学との研究は普通の中小企業ではあり得ないことです。

当時睡眠についてのエビデンスをとっている私たちは、業界のなかでは一歩リードしている状態でした。しかも、機能についても第三者機関に認定されているというのは珍しいことでした。私たちのような弱小企業にとって、確固たるエビデンスがあるということは強力な武器になりました。

世界基準の安全性が証明される

睡眠という面でのエビデンスはそろってきましたが、安全性の証明という意味ではまだ不十分でした。

消費者には、

「傷口に直接触れても大丈夫な脱脂綿と医療用のガーゼを使っているから安全です」

という説明をしてきましたが、本当に安全であることを裏付ける証拠はありませんでした。

そこで、第三者の審査をしてもらおうということになりました。どうせなら世界基準で、きちんと厳しく審査してくれるものがよい。そう考えていたときにすすめられたのがエコテックス®スタンダード１００の認証を受けることでした。

安全性という観点から商品を選ぶとき、タグなどで生産国を見て日本製であれば安心と考える人も少なくないと思います。日本には真摯にものづくりをする企業が多いこともあり、海外でも信頼を勝ち得ていて「メイド・イン・ジャパン」のクオリティは日本が誇るべきものです。

ただ、有害物質への法規制という面から見ると進んでいるとはいえません。ヨーロッパは元よりアジア諸国のなかでも、日本より規制が厳しい国はたくさんあります。他国と取引する際にはその国の基準を満たしているかを確認されることもありますが、エコテックス®スタンダード１００は世界最高水準の安全基準として、すべての国の規制をカバーできるようになっています。そのなかでも、いちばん厳しい基準である「クラスⅠ」を目指すことにしました。これは、乳幼児が口に入れたりなめたりしても安全であることを示す基準です。

私たちが日常生活で直に肌に触れる繊維製品は一本の糸からはじまり、店頭に並ぶ製品になるまでにいくつもの素材がさまざまな場所で加工されることになります。安価だけれども機能性を追求した商品を大量に生産しようとすると、作業の簡略化、作業時間の短縮化、コストの削減などのために化学物質の力を利用することがあります。

そのこと自体が必ずしも悪いわけではありませんが、化学物質の人体への影響がゼロであるとは言い切れません。また国によって基準が異なるという複雑さもあり、ある国では有害物質であるとして禁じられているものが、ある国では禁じられていないために使われるということもあります。

エコテックス®スタンダード100ではすべての国の基準を網羅し、350を超える有害化学物質を審査の対象としています。この厳しい分析試験にクリアした製品だけに、世界最高水準の安全な繊維製品であるという証が与えられるのです。

エコテックス®は1992年の発足から信頼を積み重ねてきており、100カ国以上の取引や消費の際の大切な指標になっています。特にヨーロッパでは消費者にも広く認知されていて、取引や購入の際にエコテックス®ラベルの有無を確認されることも多くなってきました。

これまで、寝具でこれほど安全性にこだわっている製品はなかったと思います。エコテックス®のなかでもいちばん厳しい乳幼児製品基準であるエコテックス®スタンダード100クラスⅠを寝具で取得したのは、パシーマが日本で初めてとなりました。余計なものを付け加えず、極限まで無駄をそぎ落としたパシーマが取得できたのは、ある意味当然のことかもしれません。

こういった客観的な評価がそろっていくと、パシーマは良い循環に入っていきました。私たちのような中小企業にとって、スピード感は大切です。それが「日本初」というように「一番」であることはインパクトを生みます。

安全のために万全を期す

こうしてエビデンスを得たり第三者機関に認められたりしてきたパシーマでしたが、またしても新たな障害が立ちはだかりました。

それはパシーマ成功のカギとなったポリプロピレンに関するものです。他社の製品に使われていたポリプロピレンとセルロース系繊維からなる素材がクリーニング中に発火し、火災が発生するという事故が起きました。ポリプロピレンを全体の50％使用した製品が、乾燥機で加熱されたときに分解されて燃えだしたということでした。

私たちはそれ以前から長年にわたってパシーマにポリプロピレンを使用していて、過去に問題が起きたことは一度もありませんでした。さまざまな試験を重ねて、しつこいほどに安全を確認してきました。

ただ洗濯と乾燥をくり返して試験したものについては安全が確認できていますが、出荷する新品の製品も必ず安全であると言い切ることはできません。また、長年使った製品に対しての安全性についても保証できません。万が一火災が発生したら大変です。ポリプロピレンメーカー側が「確実に安全だ」と証明できる繊維を開発してくれればよいのですが、そう都合よくもいきません。今まで問題なかったからという理由で、ポリプロピレンを使い続けるという選択肢は私たちにはありませんでした。しかし、それはつまりポリプロピレンの代わりになる素材を探さなければならないということを意味します。あれだけ苦労して探し当てた配合の割合も振り出しからのスタートです。

ポリプロピレンに代わる素材として候補に挙がったのはポリエステルでした。さっそく試してみると独特の匂いが気になりました。これでは無理かと一度は諦めましたが、数年後にさまざまな素材を試したあとに再度試作してみると、今度は匂いをおさえることができました。期待どおりの弾力性や保温性、通気性などを実現することができたのです。

ポリエステルに切り替えるということで、素材については一件落着でしたが、まだ問題が残っていました。

これまでにとってきたエビデンスは、すべてポリプロピレンを使ったパシーマによるものです。そのためこれからも堂々とパシーマの魅力を伝えていくためには、ポリエステルを使ったパシーマで再度研究をしてもらうことが必要でした。最初は九州大学のある研究室に話をもっていきました。ところが、以前に研究したことのあるものは再度研究しない方針であると断られてしまいました。

もうパシーマは研究の対象にはしてもらえないのかと諦めかけていたとき、手を差し伸べてくれたのは東北福祉大学の水野一枝先生でした。最初に東邦大学でパシーマの研究をしてもらったときその研究に学生として参加していた先生です。

今度は冬場の睡眠という切り口から改めて研究したいと言ってくれました。冬場ということで、室温を15℃に設定しての実験となりました。昼間に2時間の睡眠をとってもらい、その睡眠の深さを4段階で評価するという実験でした。その結果「寝つきが良い」のほかに「深い眠りの時間が有意に長く出る」ことが明らかになりました。ポリエステルを15％使った新生パシーマでも深い眠りを得ることができると証明されたのです。

こうして研究を重ね地道にエビデンスを得ていったことが、いつしか認められるようになってきました。２０１７年、健康科学ビジネスベストセレクションズでは最終審査の対象となる10社に選ばれました。最終審査はそれぞれの会社がプレゼンテーションをして、そのなかから大賞を決めるというものです。私自身はそのような場で話をすることは初めてだったので手探りで準備し発表の当日を迎えたのです。

最終審査に進んだ10社のうち、プレゼンテーションの順番は私が1番目でした。言いたかったことをすべて伝え切ろうと意気込んでのぞみましたが、自分が発表を終えてほかの会社のプレゼンテーションを聞いていると「あれも言えばよかった、これも言えばよかった……」と、次から次へと反省点が湧いてきました。他社の発表を聞けば聞くほど、「他社はうまいな」と感心していました。

ところが結果が出てみると、私たちのパシーマが見事大賞を受賞することができました。その瞬間、私の内に湧き上がってきたのは「やっと自分たちのやってきたことが認められた」という達成感でした。

これまでどれだけ心を砕いて説明しても、まともに話を聞いてもらうことすらできずに悔しい思いをしてきたことは山ほどありました。それは私だけでなく、一緒にパシーマを売ることに力を尽くしてきた仲間も同じです。その苦労がすべて報われたような気持ちになりました。

２０２１年にはパシーマＪカラーキルトケットが、「第１回ＪＢＡヘルスケア認定寝具(TM)」に認定されました。これは一般社団法人 日本寝具寝装品協会（Japan Bedding Goods Association）が「経済産業省ヘルスケアサービスガイドライン等のあり方」を踏まえて、寝具業界における自主基準を定めたものです。睡眠健康機能などが、エビデンスに基づいているかなどを審査して、基準をクリアした製品のみが認定されるのです。睡眠への関心の高まりとともにさまざまな健康寝具が次々と発売されるなか、消費者は本当に効果のある商品を見極めなければなりません。しかし、その判断は簡単ではありません。

「ＪＢＡヘルスケア認定寝具(TM)」であるか否かは、今後健康に資する寝具を選ぶ際の指標の一つとなるはずです。２０２１年の時点では、私たち龍宮株式会社を含む３社が、日本初の認定を受けました。評価は「科学的根拠に基づく睡眠健康機能」、「衛生機能」、「メンテナンス機能」、「企業社会性」の４項目で行われます。

妥協することなくエビデンスを積み重ねてきたパシーマは、ついに健康に資する寝具であると認められるに至ったのです。

［第４章］

大手には真似できない「完全内製化」を確立 自社完結で効率と品質を極限まで高める

織機を導入し生産体制を整備

脱脂綿と医療用ガーゼによる初代パシーマができたとき、すでに自社に脱脂綿を作るラインがあってそこにガーゼを持ってくればできるという環境がありました。私たちの会社ではコタツの下に敷く「コタツ敷」も作っていたため、社内に縫製部門も、キルティング加工のできる設備も技術もありました。これらを合わせることで、初代パシーマの試作までは比較的スムーズにこぎつけることができました。

ただこの時点では自社でガーゼを織ってはいなかったので、本格的な商品化を実現していくためにはパシーマの条件に合ったガーゼを織ってくれる会社を探す必要がありました。

父には織物に携わった経験もあり、また私たちの会社がある地域は「久留米絣《くるめがすり》」が有名な地でもありました。父は久留米絣を作っている織物屋に飛び込んでいって、情報を交換し、

「今こんなことを考えているんだけれど、やってくれるかい?」

地元で生産される久留米絣

というように話をもちかけて交渉していきました。

また私たちの会社は綿入れ半纏の中綿を提供していた関係で、多くの半纏屋と顔なじみでした。その伝手をたどって、ガーゼを織ってくれる織物屋を探していきました。やっと引き受けてくれるという会社が見つかっても、パシーマに合う幅のガーゼを作る設備が整っていないこともありました。

私たちが必要とするガーゼを織るには「エアジェット」という機械が適しているのですが、これは特殊な機械で通常は汎用性のある「レピア」という機械を使います。そのため、なかなか引き受けてくれる会社が見つからな

かったということもあります。苦肉の策として、

「エアジェットを当社で買うので、そちらに置いて織ってもらえませんか」

などと提案したこともあります。

しかし一台だけ違う機械を入れて特別なものを織るというのは、織屋にとっては面倒な仕事です。社長同士で話がついても、実際に現場レベルで話をしたときに問題点が発覚することもありました。

担当者レベルの話し合いでこちらの事情を伝えても、

「どうにもなりませんね……」

と渋い顔をされて、話が暗礁に乗り上げることもありました。

そんな事情から地元にこだわらず広く探し回ることになりました。熊本の山深いところにある小さな工場ができるらしいという情報を得れば出かけて行って交渉したり、九州から飛び出して大阪の工場にお願いに行ったりして、パシーマに使うガーゼを織ってもらっていました。

ところがこれだけ苦労してパシーマに合うガーゼを織れる会社を探したにもかかわら

ず、使う糸の番手が指定しているものと違ったり、国産の糸を使うように指定しているのに異物の混入した海外の糸を使われたりといったトラブルが重なりました。

これでは消費者に安心して使ってもらえる製品を安定的に供給することができない——。

そう考えて、私たちは2000年の春にガーゼも自社で織ることに決めました。

実はその決断を下す以前から、父はガーゼも自分たちで作ることを視野に入れていたようで、すでに水面下で機械をあれこれと検討していました。高速で織れて機構が簡単で、回転数があげられるという条件に合う機械に目をつけていたのです。

その織機のメーカーの担当者に問い合わせると、

「一週間の講習会に参加すれば、なんでも作れるようになりますよ」

と説明され、私が会社を代表してその講習会に参加することになりました。

ただ講習会への参加は機械の現物が届く前のことだったため、私は織物に関しての知識がゼロの状態のまま、単身で飛び込んでいくことになりました。

実際に講習会に参加してみると、集まっていたのは織物屋で実際に働いている人ばかりでした。講習は基礎的な知識のあることが前提で進んでいきます。そもそも新しい機械の原理や調整の仕方、パネルの操作法など、新たな機械を導入するうえで必要な知識を伝えるための講習会なので、私のようにまったく畑違いの人間はほかには誰もいませんでした。

講義中に意を決して挙手し、

「糸の結び方を教えてもらえませんか？」

などと質問してみたところでまともに取り合ってもらえるわけもなく、休憩時間中に親切なほかの参加者が基礎的なことを丁寧に教えてくれました。

あとで聞いたところによると、

「今回は変わった人間が来ている」

と講師の間で言われていたようです。

それでもなんとか一週間の講習を終え、いよいよ新しい織機が3台届きました。インドなど海外の工場では500台単位で導入するらしいので、それと比べたら規模はずいぶんと小さいのですが、私たちの会社にとっては大きな大きな決断でした。

というのもこの機械を導入した当時、自社の製品の売上のなかでパシーマが占める割合はまだ5％程度に過ぎなかったのです。この段階で高額な機械を一気に3台導入するのは、明らかに多過ぎるのではないかと私には思えました。しかし、父には数年後にパシーマが当社の主力商品になるところまでの道筋が見えていたようです。

「数年後には、3台でも足りないくらいだ」

と主張しました。

実際にその後、父の言ったとおりとなります。導入して4年後にはパシーマの売上が伸びてきたのに伴って1台追加し、その2年後にはさらに2台追加してといった具合で増やしていきました。現在は14台が稼働しています。

ただ当時は「持たざる経営」が流行していた頃でした。機械はどんどん処分して外注できるものは、より安く作ってくれる会社に依頼するというのが世の中の流れでした。機械を処分すると補助金が出るというので、多くの会社がどんどん既存の機械を処分しているような時代だったのです。

その様子を見て父は、

「時代と逆を行くのがいいんだ。すでに振り子は半分以上振っているから、そろそろ揺り戻しがくる」

と言っていたものです。

このとき時代の流れに逆らうようにして自社一貫の体制を構築していたことは、パシーマでの「一品勝負」を成功させる布石となりました。

自社一貫生産体制によって売れるタイミングを逃さない

パシーマの生産体制が整い、私たちは大都市の百貨店での販売会などへ出展するようになっていきました。パシーマの売上は一気に伸びるというよりは、きっかけをつかんで段階的に増えるという伸び方を繰り返していきました。

売上が伸びるきっかけの一つとなったのが、ある出版社との出会いでした。

2004年、東武百貨店の店頭に立っていたときのことです。パシーマのことを気に入ってくれた消費者から、

「ここに行ってみなさい」

と紹介してもらいました。

通販カタログ「ふくふく」ユーリーグ社刊 2004 年 7 月号

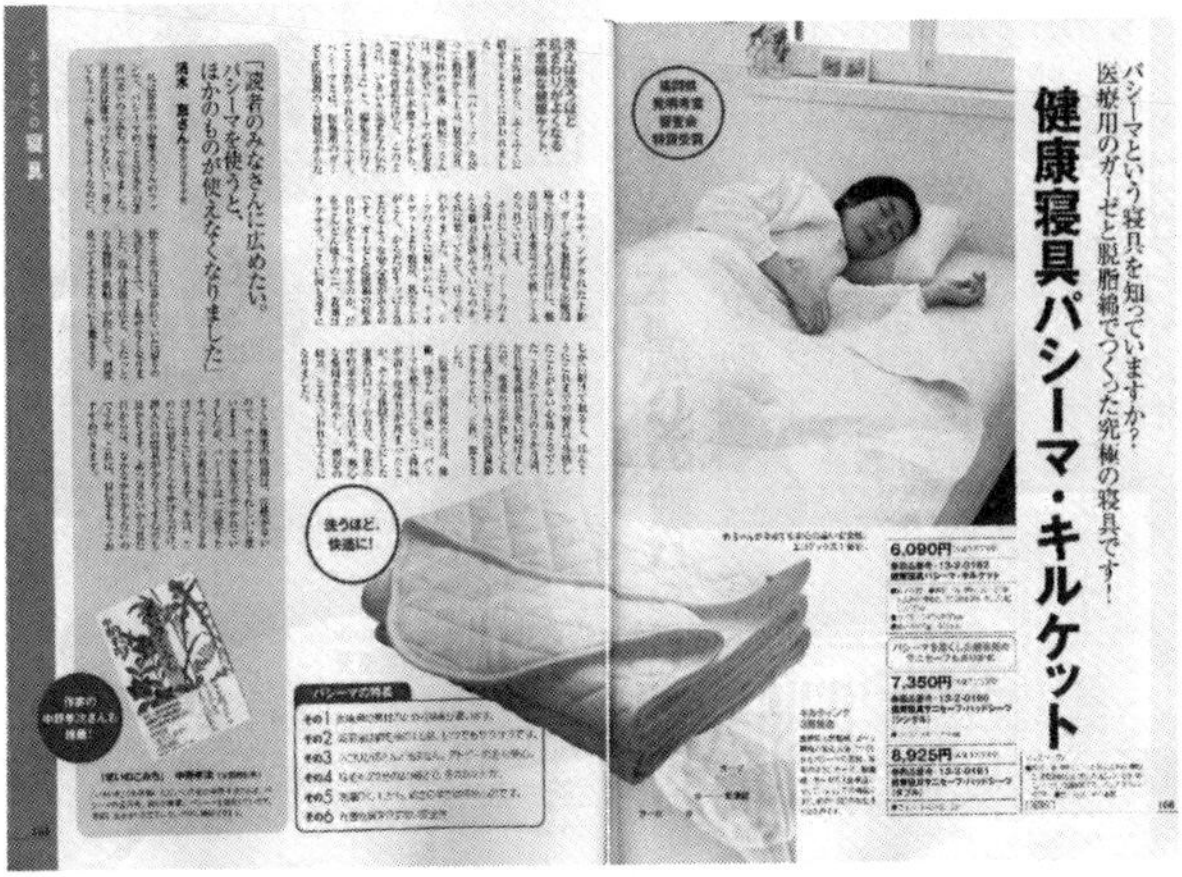

雑誌「いきいき」の別冊付録（通販カタログ「ふくふく」）に掲載されたパシーマ

販売会が終わってからその足で神楽坂にあるオフィスを訪ねてみると、担当者が「いきいき」という雑誌の編集長につないでくれました。

「いきいき」は、50歳以上の女性に向けて生き方・暮らし方を発信している雑誌です。今は「ハルメク」という誌名になっていますが、定期購読のみという販売スタイルにもかかわらず女性誌部門・シニア女性誌部門の販売部数でトップクラスを維持しているくらい、出版不況と呼ばれるなかでも部数を順調に伸ばしてきた勢いのある媒体です。そのような媒体で取り上げてもらえたことは、パシーマの販売数が増加する一つの契機となりました。

加えて担当の編集長がパシーマに愛情をもって特集を何度も組んでくれたこともあり、パシーマの売上は爆発的に伸びていきました。そのため一時的にガーゼが足りなくなるほどでしたが、このときにはすでに自社一貫の生産体制が整っていたので、柔軟に対応することができました。

もしガーゼを他社に頼っていたら、ほかの材料はそろっているのに、ガーゼが手元にないために生産をストップせざるを得ないという事態に陥っていたかもしれません。きっと、絶好の機会をとらえて一気に加速することはできなかったに違いありません。

私は、商売というのは核分裂のようなものだと思っています。何かのきっかけがなければ何も起こらないけれど、一度きっかけ（中性子）があればそこから次々と連鎖（核分裂）が起き、大きなインパクト（臨界）を巻き起こします。

パシーマも最初は布団店で門前払いされていたのがいつしか消費者の口コミがどんどん広がっていき、雑誌で紹介されました。そして、そのことがきっかけでさらに多くの雑誌やテレビで紹介されるようになりました。世の中に影響力のある人が取り上げてくれたりすることによって広く認知され、売れるようになっていったのです。

こだわるところは時間や手間を惜しまない

こうして自社一貫生産体制を整えたことで効率良く高品質の製品を作れるようになり、急な増産にも対応できる生産体制を構築することができました。

しかし効率だけを追求するのではなく、こだわるところには以前から変わることなく時間を惜しみなくかけています。例えば、パシーマを作るための大切な工程に「精練」という作業があります。これは綿から油分などの不純物を取り除き、純度の高い綿製品へと磨いていく工程のことです。パシーマの製造工程のなかで、私たちはこの精練作業に非常に多くの時間をかけています。

私たちの会社がこの精練に使っている「精練釜」は、一般的な釜の約2倍の大きさがあります。その釜を使って綿を煮ながら綿の状態や水の状態にあわせて、薬品の処方や温度や圧力を細かく調節しています。そこには熟練の技術力が不可欠です。他社がパシーマに似た製品を作ろうとしても、この技術力を一朝一夕につけることはそう簡単なことではありません。脱脂綿を60年以上にわたって作り続けてきたなかで培われ、受け継がれてきた技術です。

丸二日かけて精練・漂白・染色を行い、ガーゼの強度を低下させず医療用としても使用できる純度に仕上げていきます。「赤ちゃんがなめても大丈夫」と言い切れる安全性を担保するために、決して削ることのできない、大切な時間です。

また、縫製についても社内で一枚一枚丁寧にミシンをかけています。パシーマが洗濯機で繰り返し洗っても傷みにくいのは、ガーゼの糸の本数を増やして強度をあげること、強度の落ちない精練の方法に成功したのはもちろん、実は縫製にも秘密があります。パシーマは脱脂綿が片寄ることを防ぐためにキルト加工をしていますが、そのキルティングの糸は太めに針目を細かくして高い強度を実現しています。

糸を太めにして針目を細かくするということは、その分の手間も時間もかかります。それでも自社でやり続けているのは、気兼ねなく繰り返し洗濯することで清潔に保つことができる製品を作りたいというパシーマ誕生から一貫して抱き続けてきた想いからです。こだわるところには徹底的に時間や手間をかけるものづくりを続けています。

パシーマができるまで

①原綿は弾力があり、繊維の長いものを厳選している

②原綿中の茎や葉などの異物を取り除く

③ムラのない厚みにそろえる

④タオルよりも細い綿糸でガーゼを織り、中綿と合わせる

⑤熱風で乾燥させて、温度・硬さ・吸水性のチェックを行う

⑥細かな目のキルティングをかける

⑦裁断後すぐに縫製をして、製品の形状に加工する

⑧品質をチェックして袋詰めし、検針を機械で行い出荷

トレーサビリティの導入

パシーマが日本中に広まるほど工場から出荷される製品の数が増えるので、品質管理が新たな課題として生まれてきました。一枚一枚厳しい目で見てチェックしているのですが、ごくまれに不具合品がその検品の目をすり抜けてしまうことがあります。

「次から気をつけましょう」

と全体に注意喚起するだけでは、根本的な解決にはなりません。検品を担当するのはパートであることが多かったので、ミスが発覚したときには退職したあとだったということもありました。

これでは責任の所在がはっきりしないままうやむやになって、また同じようなミスが起こる元になる。私はそう考えて、トレーサビリティの導入を提案しました。

パシーマが売れ始めた頃、スーパーマーケットなどで品物に生産者の顔写真や似顔絵を入れたパッケージが並ぶようになってきていました。例えば、リンゴのパッケージに生産者の名前と笑顔の写真が印刷されているといった具合です。今では当たり前のように見かけますが、このように名前や顔が公表されていると生産者が責任をもって作っているという覚悟が見え、消費者の安心につながります。

作り手の顔を載せることはしないまでも、責任の所在は明確にしようということで、すべての製品に連番をふって、一品ごとに管理することを決めたのです。

これに対して社内では

「そんなことをする必要はない」

との声もありました。確かにミスが起きたときに、犯人探しをするようなことはしたくないという気持ちも理解できました。

しかし赤ちゃんにも安心して使ってもらえると謳っている以上、私たちには「確実に」安全な製品を届ける責任があります。そのため、パシーマにはすべての品物に連番を付与し、工場内から出荷先まですべての履歴をさかのぼれるようにしました。

医療用の製品でも同じ日に同じラインで作られたものに同じロット番号をつけるという程度ですが、私たちはそれぞれの商品に一つひとつ固有の番号を付与しています。

2011年までは、これを紙ベースで行っていました。もともと品質管理には細心の注

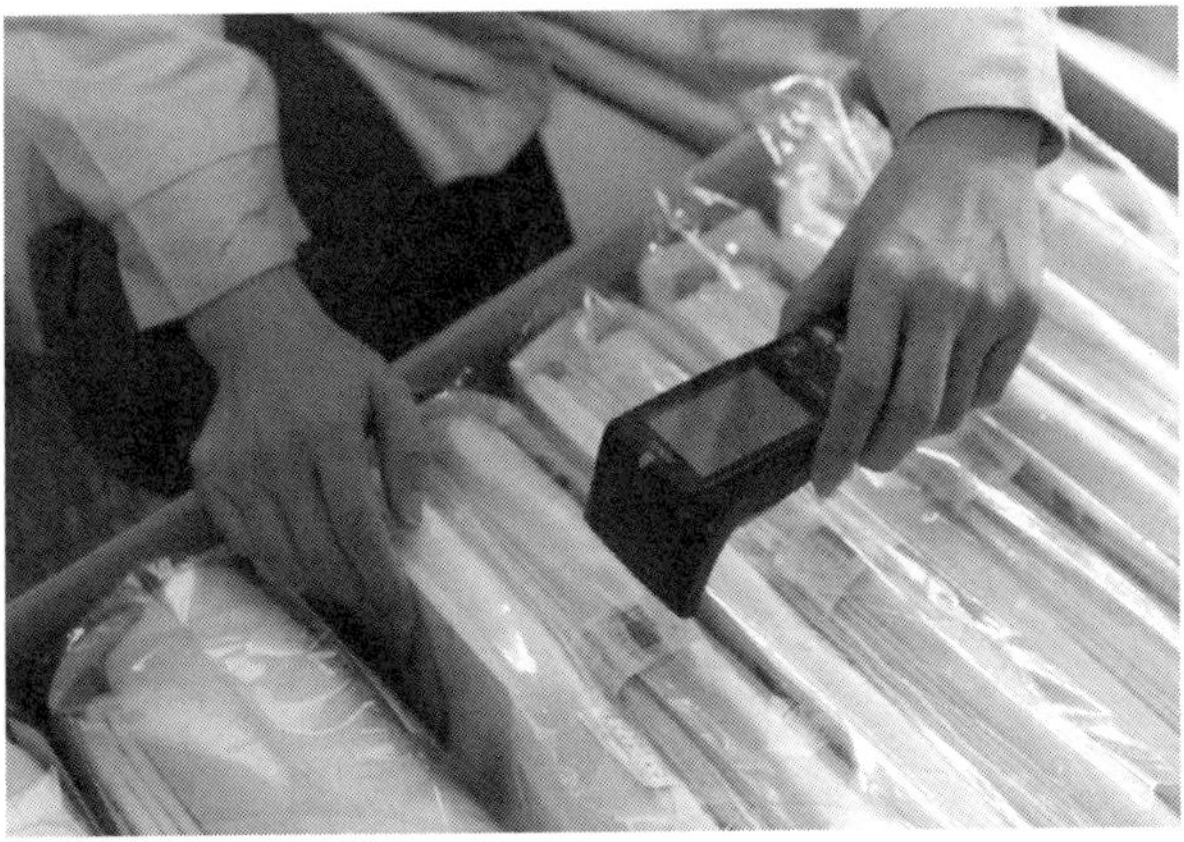

一品ずつちがうロット番号を付けて管理

意を払っていることもあり、めったに履歴をさかのぼる必要は生じなかったものの、まれに何か問題があったとき紙ベースだと伝票を調べるのは大変な手間のかかる作業でした。しかも、その必要な番号だけが抜けていることもありました。

しかし現在はデジタル化したことによって、バーコードを読み込めば一瞬で生産から流通の履歴をたどることができるようになりました。このバーコードは「良品だけを消費者のもとに届ける」という、私たちの覚悟の象徴です。

機械のメンテナンスも自分たちで行う

私たちは自社一貫体制を構築したことで、サプライチェーンが切れたときの影響を最小限におさえることができるようになりました。ただ、それはあらゆることを自分たちの手でやっていくということを意味します。

現在のラインを作り上げる過程では、古い機械を連結してオリジナルのものを作り出したり、オリジナルのものを重ね合わせたりといった工夫をしてきました。市販品では対応できないような機械や部品は自分たちで作ることもあります。また今使っている機械については、自分たちでメンテナンスをしています。

実は工場の立地上、自分たちでやるしかなかったという面もあります。というのも、私たちの工場は山の麓にポツンと存在しているからです。もし工場が密集している工業団地のような場所にあったり、近くに同業者が集まっているような産地にあったりすれば、機械のメンテナンスなどは周りと助け合えることもあったかもしれません。

私たちの会社で長く活躍していた工場長は、１９９２年に科学技術庁長官賞を受賞しま

本社工場（1964 年竣工）

した。彼は機械に関して専門的な教育を受けていたわけではありません。中学を卒業後に入社し、現場に立ちながら技術専門誌を購読し独学で勉強してきました。その知識と技術は、大学で機械工学を専門に学んだ私から見ても舌を巻くようなものでした。

もちろん、外部に依頼して機械を作ってもらうという方法がないわけではありません。しかし、国内で機械を作っている会社も減ってきています。自分たちでメンテナンスができなければ、いずれラインを動かせなくなる日が目に見えています。

本来なら専門家に頼んだほうが楽かもしれませんが、自分たちの頭で考えて工夫するという訓練を普段から積んでいくことの重要性を切実に感じます。

進化し続ける工場

こうして自社の敷地内ですべてが完結する体制が実現したわけですが、パシーマが売れていくにしたがってもっと新しい機械を入れたいとか、新しいラインを増やしたいなどと思ってもスペースが足りなくなってきました。またこれまでの工場は1964年に建てられたもので、すでに長い年月を経ており、社員が快適に働けるように設備を整えようとしてもハード面での限界を感じることがありました。例えば空調設備を新しく整えたいと思っても、建物の改造が難しくて導入できないといった具合です。

このままでは発展の余地がないと感じていた矢先に紹介されたのが、新たに工場を建てるのにうってつけの土地でした。

新工場を作れば、将来を見据えた設備を増やすスペースが確保できるのはもちろん空調設備の導入もでき、社員が増えても駐車場を十分に確保する余地もできます。さらには、その土地が現行の工場と自転車で行き来できるような距離にあったことも魅力的でした。

2021年に追加竣工した新工場（奥に見える建物が従来の工場）

2021年5月、新工場が完成し今まで抱えていた不便が一気に解決することになりました。

今は旧工場ではパシーマの原反を作り、新工場ではパシーマの原反を裁断・縫製し、検品しています。社員の移動用の自転車もそろえ気軽に工場間を行き来できます。

自社での一貫生産体制が整っていることにより、自分たちで物量をコントロールできるようになりました。ガーゼを自社で作るようになる前は必要がないときでもガーゼが納品され、急に必要になったときに足りないということも起こっていましたが、今は工場内に十分な設備があるので、必要になれば機械の稼働時間を延ばすことで対応できますし、必要のないときには機械を止めれば済むのです。

また品質についても目の届く範囲ですべての加工が行われるので、消費者に安心して使ってもらえる品質を担保することができます。

さらに、働いている社員たちが仕事の全体の流れを実際に自分の目で見て理解できているので、もしどこかの工程で何かトラブルが起きた場合には即座にフィードバックができ無駄を最小限に抑えられます。

もしサプライチェーンの一部に組み込まれた会社であれば自分がやっている作業が何のためのものなのか、作っている製品がどのように使われるものなのかということを実感できないままに、従業員がラインに立って作業しているということもあり得ます。

しかし私たちの会社の場合は会社に運び込まれた原綿の状態から、パシーマという製品になって消費者のもとへ運び出されるまでのすべてを体感できます。

それだけでなく消費者の喜びの声が記されたハガキが会社に次々に届くので、それを目にして、自分が作っている製品がどれほど世の中の人を幸せにしているのかを感じることもできます。

産業革命以来、細かく分業することは一つひとつの作業の効率を上げるという面だけを見れば有効かもしれません。しかし、ものづくりのやりがいや面白さを感じる機会は奪われてしまうのではないかと思います。それは「一品勝負」できるような製品の開発の機会を自ら遠ざけることにもなりかねません。

繊維製品における日本製の割合は全体の5％を切っています。このようななかで「ジェイクオリティ（J∞QUALITY）」という認証があります。これは裁断、縫製を日本でする（日本製）だけでなく、織りや染めも日本ですることを要件にしています。自社工場ですべての工程を行っているパシーマは、当然「ジェイクオリティ」認証です。

自社完結の生産体制によって効率と品質を極限まで高めることはもちろん、次なる「一品」を生み出す可能性をも得ることができるのです。

［第5章］

先代から踏襲し続ける「作り過ぎない」信念 唯一無二の価値を世界へ広める

ガーゼの山を前に骨身に染みたのは「作り過ぎること」の弊害

パシーマが認知されて類似品が出てくることは「一品勝負」をしてきた私たちの会社にとって危機でもありました。コモディティ化するなかから一歩抜け出すための指針となったのは「作り過ぎない」という信念でした。

戦後の高度経済成長期には、どんどん作るという方針で成長を遂げてきた会社がたくさんありました。しかし市場が飽和し、消費者のニーズが多様化した成熟社会では、作れば作っただけ売れるということはありません。

そうはいっても私は「作り過ぎない」ということの大切さを最初から理解できていたわけではありません。むしろ作れるものなら、たくさん作ったほうがよいのではと思っていました。

「作り過ぎない」ことの意味を本当に理解したのは、ガーゼの織り機を3台入れたときでした。パシーマが社内の製品の売上の5％程度であったにもかかわらず、ガーゼを自社で製造するために高額な機械を導入したときのことです。当時に必要だった台数の2倍の機械を導入したのです。

私は、高額な機械を3台も購入してしまったのだから休ませておいてはもったいないとばかりに機械をどんどん稼働させせました。

その結果として生まれたのは、使われるあてのないガーゼの山でした。倉庫に運び込まれたガーゼは場所をとります。しかも、ただ置いておけばよいわけではありません。カビなどが発生しないように清潔な状態を保って管理するというのは大変なことです。先に入れたガーゼを先に取り出す装置を考案していたほどです。だからといって無理をしてでも売ろうとするなら、安い値段をつけるしかありません。

作り過ぎたガーゼの扱いに頭を悩ませていたとき、タイミング良く雑誌「いきいき」で紹介してもらえる機会を得ました。そのおかげでパシーマが急速に売れ始め、その在庫は一気にパシーマに姿を変えて世の中に出ていきましたが、もし、あのまま在庫を抱え続けることになっていたらと考えるとぞっとします。

「作り過ぎない」ためにも、作り過ぎる可能性のある設備を安易に入れるべきではないと私は考えています。もしその設備投資ができたとしても、事業が安定した領域にいくまでは入れるべきではありません。

例えば私たちの会社では、縫製をすべて手作業で行っています。

しかし世の中には、自動で縫製を行うことのできる機械も存在します。実際に、中国の企業がアメリカで開発した自動ミシンがあるという情報を得て、問い合わせたことがあります。

もしそこで「10台機械を入れてそれを一人で回すことができれば、その分の人件費を削減できる」と考えて導入に踏み切ったら——確かに機械であれば人間のように疲れることもなければ食事を取る必要もないので、人間よりも「縫う」という作業自体の能率は上がります。「高額な機械を背伸びして導入した」という事情があれば、ついつい休むことなく稼働させたくもなります。

そうすると過剰に製品を作ることにつながり、必要以上の在庫を抱え売れるあてがなければ途方に暮れることになります。

しかもいくら高性能な機械を入れたとしても、私は人力がゼロになることはないと考えています。どんなに優秀なロボットでも、その縁の下には人間のエンジニアの存在が不可欠です。

例えば鉄道が良い例です。最近の車両には無人運転のものもありますが、まったく人の手を必要としないわけではありません。システムの維持をする人や、線路のメンテナンスをする人など、見えないところにたくさんの人が関わっているのです。

ミシンも同じです。縫うことは自動であっても、ミシンの糸を交換したり、縫い合わせる材料を準備したり、縫い上がったものを取り出して運んだりといった手間を考えて見積もると、新しいミシンを1台導入したところで削減できるのはせいぜい1/2人分といったところでした。導入するとなれば、そのミシンを常設するためのスペースも必要になります。

加えて、機械にトラブルが発生したときの対応や故障した場合の修理なども発生することを考えていくと、それなりの手間がかかります。

そこに1台あたり1000万~2000万円といった金額をかけるのは、私たちのような中小メーカーにとってはどう考えても割に合いませんでした。

「作り過ぎない」という信念を判断基準としていれば、目の前に示された新しいテクノロジーに目が眩んで安易に飛びつかず、過剰な設備に手を出すこともなく商品の価値を下げることもないのです。

他社に依存せずに自立する

ありがたいことにパシーマの認知度があがってきて、パシーマにＯＥＭの話がくることがあります。パシーマに類するものが存在すると、ここまで「一品勝負」をしてきたパシーマの独自性がなくなってしまう恐れがあります。自立することの大切さを知る私たちの会社はそうなることを恐れて、会社の成長速度が落ちるかもしれないということも覚悟のうえでＯＥＭの話をすべて断っています。ＯＥＭ生産を受け入れると、単なる加工工場になってしまいます。

私たちの会社もパシーマ以前は資材的な製品を作っていました。しかしそういった仕事は、ある日突然なくなることがあります。

以前、父が社長だった頃からずっと取引のあった会社がありました。他県の会社だったこともあってあまり顔を合わせる機会がありませんでしたが、あるとき、先方の社長が代替わりしたという知らせを受けました。そして一年くらい経った冬に「来年からは必要ありませんので」と急に取引の停止を言い渡されたのです。

他社に依存する度合いが強いと、取引が停止になった途端会社は存亡の機に陥ります。突然大口の取引先を失って消えていった同業メーカーをいくつも見てきました。

ものづくりの世界では自社製品に絶対的な商品がないと、取引先に依存する茨の道へ足を踏み入れるしかありません。特に中小ものづくりメーカーは、サプライチェーンの一部という会社が大部分です。

依存する体質が染みつくと、自分たちで製品を「開発」して「売る」という努力をしなくなります。そして他社に頼る比率が高くなれば、どんどん立場が弱くなり、取引相手に足元を見られるようになります。

自立し機動的なことができる会社になる

中小ものづくりメーカーが茨の道に自ら足を踏み入れないようにするためには、自立することが大事です。

そのために大切なのは、「一品勝負」ができる製品を「開発すること」はもちろん「自分で販売する力をもつこと」と、製品を直接消費者に売るということは難しかったとしても販売の大元は自分たちでもっておくことです。

販売することを他社に任せると、売れなかったときには「こんな景気だから、仕方ないですね」などといった言葉で片付けられてしまいます。製品が売れないからといって、じっとしていても解決はしません。本当は景気のせいで売れないのではなく、製品の作り手が売りに行くということをしていないから売れないのです。

私たちの会社も地道な努力を積み重ねてきました。

パシーマの販売を開始した1990年代には営業車にパシーマを積み、なんとかお店に置いてもらえないかと駆けずり回ったこともありました。

首都圏の百貨店などで行われる販売会に参加するときには、わざわざ九州から出ていくのですから交通費もかかれば宿泊費もかかり、それなりの金額になります。その分を上回る売上を出すのだと自分を奮い立たせて売り場に立ち、必死に売る努力をしてきました。

当社には営業の専門部隊がいたわけではないので、普段は製造ラインに入っている社員が

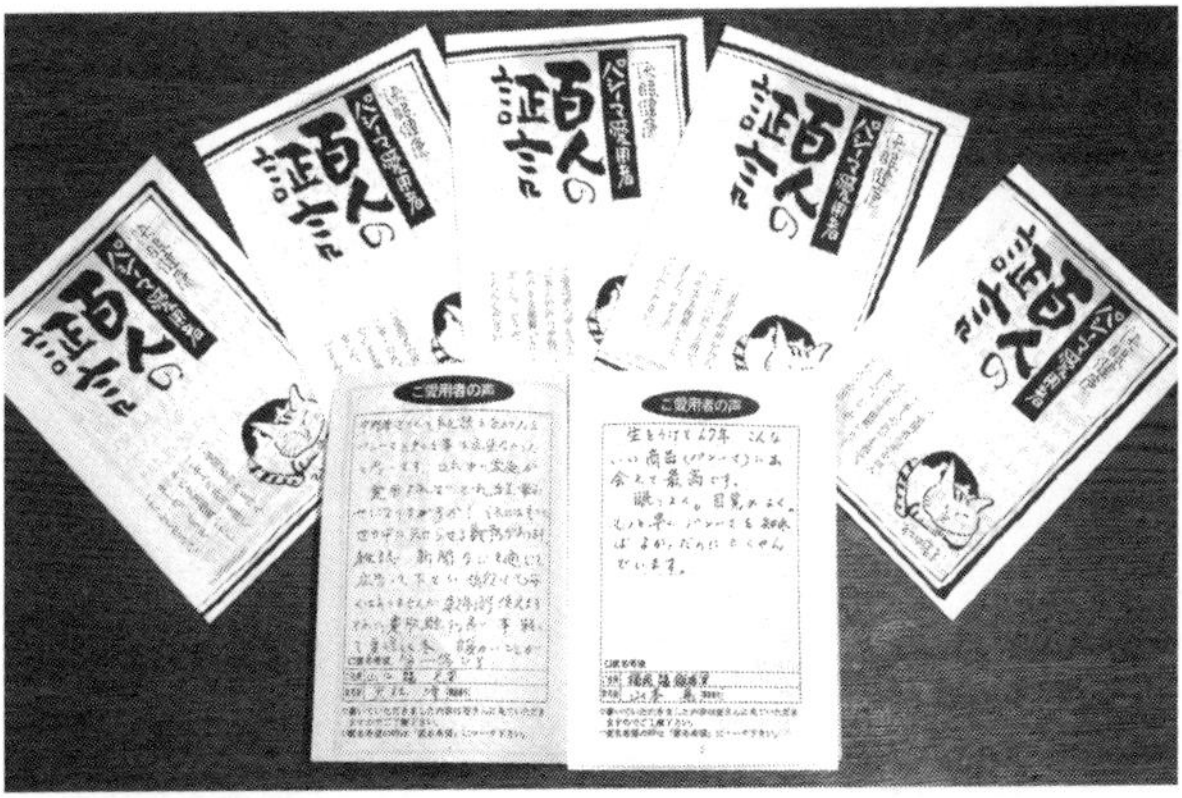

愛用者の生の声を冊子にし、第三者の声として販売に活用

試行錯誤しながら接客をしました。

消費者にはどんなふうに声をかけて近づいていったらよいのだろうか。どうやって説明すれば聞いてもらえるだろうか、などと懸命に考えて私が説明してもなかなか納得しませんが、ちょうど居合わせた愛用者が説明すると納得して買ってもらえるのです。そんな経験から制作した消費者の声を集めた小冊子は、強力な営業ツールになりました。

当時を知る社員によると、販売会で渡した冊子を帰りの電車の中で見て「これはいいかもしれない！」とピンときて買いに戻って来てくれた消費者もいたとのことです。そんな出来事に励まされながら、一枚一枚懸命に売っていきました。

その頃に比べると時代も変わりやり方も変わりましたが、中小ものづくりメーカーが生き残っていくためには機動力をもち「自分たちで売ろう」とする努力が必要であるということに変わりはないのではないかと思います。

小さな会社だからこその消費者とのコミュニケーション

そうやって私たちも積極的にパシーマを世の中に広めるために行動を重ねましたが、パシーマの成長を支えてくれたのはなんといっても消費者の口コミの力でした。

かつてパシーマの知名度を上げようと、福岡県内に向けた新聞広告をうったこともありましたが、広告費は到底回収できるようなものではありません。にもかかわらず多くの会社が広告を出すのは、名簿を取得するためです。「サンプル差し上げます」といった文言で自社の製品を買ってもらえそうな人の個人情報を集め、見込み顧客に売り込んでいくという戦略です。

私たちの会社は、そんなことはやめようと決めました。それ以来、広告はほとんど出していません。出したとしても業界誌にお付き合いで出す程度で効果を上げようという考えはありません。

パシーマのパッケージには、ハガキを封入していて、使った感想を書いて送ってもらえるようにしています。そこに「粗品差し上げます」という文言を入れていた時代もありましたが、今はその文言も削除しています。にもかかわらず、多くの消費者がハガキを通して喜びの声を寄せてくれるのはありがたいことです。

手間をかけて愛情のこもったメッセージをつづってくれた消費者に、私たちからお礼の気持ちを伝えるための粗品を送ることはあっても販促のためのパンフレットなどを送ることはしていません。パシーマを介した感謝の気持ちのコミュニケーションです。

以前パシーマを愛用してくださっている方から、大事に使っていたパシーマが破れてしまったことを嘆く問い合わせが入ったことがありました。パシーマは出産などのお祝いに贈られることもあり、その想いとともに長く使っている方も少なくありません。

そのとき当社からはアフターサービスの一環として、ガーゼを補修用に送ったのですが「新しく買い直さなければならないかと思っていたのに、こんな対応をしてもらえるとは思わなかった」とたいへん喜ばれました。

消費者の感情に寄り添ってイレギュラーな対応をすることができるのも、私たちのような小さな会社ならではのことだと思います。

今商品を使ってくださっている人を大切にすること、値段以外のところでサービスすることが私たちのような「一品勝負」をする会社にとって大事なことです。

地域の薬局で睡眠の悩みを解決する存在に

私たちはパシーマを売るために、次々に販路を開拓してきました。雑誌「いきいき」で取り上げてもらったことで売上が飛躍的に伸びました。

その後、再びパシーマに訪れた好機は通信販売のディノスのカタログに掲載してもらえるようになったことです。

ただカタログ通販ではカタログの誌面に載っている間はよく売れますが、そこから振り落とされてしまえばあとは消えていくしかありません。

次々と新商品が出てくるなかで、カタログに掲載され続けるのは簡単なことではありません。カタログ通販の場合、時には「2~3カ月掲載するのはお休みにしましょう」などと言われることがあります。それは、2~3カ月の間、売り場がなくなるということを意味します。

これに対して路面店では一度取り扱いが始まると、ずっと売り場に置いてもらえることが多いので安定します。

そのため私たちはベースを小売店にし、通信販売はプラスアルファというとらえ方をしています。

パシーマの発売を開始した1990年代前半には、従来から取引のある九州と山口県の店に「お願いだから、どうか置いてください!」と、こちらから一生懸命頼み込んでいました。それが今では、日本全国から「うちでも扱わせてください」と先方から言ってもらえるようになりました。

多くの寝具専門店や百貨店に置いてもらえるようになり、パシーマの売上は右肩上がりに伸びてきました。2022年現在、卸を通じて約1000店舗の小売店に置いてもらっています。寝具の売り場としては専門店や百貨店のほか、最近では個人経営の薬局に置いてもらえることも増えています。

きっかけとなったのは、衛生用品関連の情報に詳しい新聞記者の方からのアドバイスでした。

「今、睡眠に問題を抱えている人が多くて、睡眠薬がよく売れています。パシーマには睡眠の悩みを解決できる機能があることが科学的に証明されているので、薬局にすすめてみたらどうですか？」

その提案にハッとしました。

パシーマは寝具です。だからといって、寝具店や百貨店にしか置けないというわけではないのです。睡眠の悩みが寝具で解決するのならば、睡眠薬を飲むよりも体への負担は断然少ないはずです。薬局に置いてもらうことで、寝つきが悪いことや、眠りが浅いことに悩んでいる人の元へ届きやすくなるのではないかとも思いました。

しかも薬局では消費者が薬などの商品を選ぶ際、薬剤師に自分の症状を説明してどの商品が良いか相談することが多いです。そのため薬剤師は、どんな症状に悩んでいる消費者が多いかということを把握しています。その情報を基に睡眠に問題を抱えている人にすすめてもらえれば患者の悩みは解決しますし、薬局としてもパシーマは医薬品よりも利益率が高く、私たちとしてもパシーマがお役に立てるというわけで、三方にとってうれしいことずくめです。医療費が国庫を圧迫しているというこの国の財政状況にも、わずかながらでも貢献できるのではないかと思います。

パシーマは寝つきが良いことやリラックスして眠れることが科学的に証明されているので、現場の薬剤師さんにも自信をもってすすめてもらえるのです。

私たちの会社はもともと医療用に使われる脱脂綿を作っていたので、薬局向けの展示会にはなじみがありました。そこでパシーマを紹介してみたところ、関心をもってもらうことができました。今は九州はもちろん、四国・中国・東北の薬局と取引があります。

今や5人に1人が眠りに問題を抱えているとされ、多くの人が「睡眠の質」を意識するようになっています。この時代の流れは、パシーマにとっては追い風であるといえます。

満を持して海外へ

2018年、パシーマが日本全国に広がっていく様子を見て、私は「日本国内でこれだけ認めてくれる人がいるなら、海外でも受け入れられるかもしれない」と考えるようになりました。

さまざまな手続きや準備が必要なため、海外への進出はすぐにできるものでもありません。とはいえその頃はちょうど国の補助事業があり、今やっておかないといつまで経っても踏み出せないだろうと思いました。海外への展開の上限を国内に流通している分の1割程度にしておけば、なんらかの理由で突然その売上がなくなっても問題ないのではと考えて、思い切って始めることにしました。

実は以前、中国でパシーマを売り出そうとしたことがありました。中国の富裕層は日本の人口と同じくらいいるということで、割高な寝具であっても売れるだろうと話をもちかけられたのです。

ただその話をもってきてくれた人は日本語の本を中国語に翻訳して、中国で売るという仕事はしていたものの、それ以外の分野の商売の経験がない人で計画はすぐに頓挫してしまいました。

しかもその過程で、中国においてすでに「パシーマ」の商標が取られているということが判明しました。それをなんとか覆せないものかと今も一生懸命はたらきかけてはいますが難航しています。

そこで私は、発明や商標を大切にするフランスのパリに狙いを定めて展開することにしました。商標をEU加盟国のすべてで取ることもできました。

とはいえ、すべてがとんとん拍子に進むわけではありません。フランスではベビー関連の商品を展開しようと考えていましたが、文化の違いや気候の違いなどがハードルとなって目の前に次々と現れました。

フランスのベビー用品は、インドや北アフリカから安く仕入れられた商品が多く流通しています。安く仕入れられた品物といってもフランスではお店のマージンが高く、商品の価格のうち消費税が2割を占めるので、仕入れ価格が安くても店頭に並ぶときにはそれなりの値段になってしまいます。

そんな事情があり、フランスでパシーマに適正な値段をつけると税込で250ユーロになります。これは日本円に換算すると3万円で、フランスの大人サイズの寝具としては高価な部類に入ります。そのため品質が良ければ価格が高くても売れるというモナコで、展示会に出してはどうかという提案も受けました。

また、ベビー用品を選ぶときに色を重視するという傾向もあり、国内で流通していたパシーマのように、染色をあまりしていない商品ではなかなか難しいということも分かってきました。国内で売れている商品をそのままフランスに持っていくのではなく、改めてフランス用のラインナップを考える必要があります。

加えて、日本との気候の違いもあります。日本だと湿度が高いために、寝具内が蒸れ、赤ちゃんにあせもなどの皮膚トラブルが起こることがよくあります。これに対して、フランスの場合は湿度の面で困ることは少ないそうです。

そもそも、日本とフランスとでは生活様式が異なるという点もネックになります。フランスに住んでいる人にモニター調査を依頼し、パシーマは毎週洗ってくださいとお願いしても、そのモニタリング期間ですら洗わないケースもありました。これが日常となったら、ますます布団を洗うことはしないと思います。そう考えると、パシーマの「丸洗いできる」という利点はあまり響かないかもしれません。

それでもインターネットを介して使用者と話すと、アトピーに長年苦しんできたあるフ

ランス人がパシーマを愛おしそうに握りしめて、

「このパシーマのおかげで人生が変わりました！」

と涙ぐみながら、こちらに向かって語りかけてくれることもありました。

それを聞いて私は「洋の東西を問わずパシーマは人々の悩みを解決し、幸せにしてくれる」と手応えを感じました。

気候も文化も違う海外で、消費者の理解を得ていくのは大変なことです。数年やってみてだめだったらやめようかとも思っていましたが、今は狙いをつけた場所に集中してそこを穿つまでやろうという覚悟です。

次世代に託す「一品勝負」の新たな活路

海外進出をしてみたことで、改めてエコテックス®の威力を実感することになりました。エコテックス®は、ヨーロッパでは比較的よく知られており、特にドイツでいちばん認知度が高いようです。

また、エコテックス®のほかに、Ｂｉｏ（ビオ）もよく知られています。認知度という意味では、Ｂｉｏのほうが高いかもしれません。こちらは、綿花を育てるときに環境負荷が少ないものに認証マークがつけられます。

環境への意識が高い国では、消費者の目がこういった認証を得ているかどうかにも向かいます。逆にこれらの認証を得た商品であれば、割高でも買うという傾向があります。

パシーマはエコテックス®の認証を得ていたことで、好印象をもってもらえることもありました。

今後フランスでの展開を進めていくうえで、大型店舗に並べてもらうというよりはこだわりのある個人店で扱ってもらい、一度に売れる量は多くなかったとしても定期的に売れていくという姿を目指していきたいと考えています。

ヨーロッパで売れてブランドの価値を確立できれば、国内へ逆輸入することも可能です。海外の市場が開拓できていれば、たとえ国内の需要がしぼんでも生き残っていける可能性が高まります。

今後パシーマの一品勝負でどのように活路を見いだしていくのかは、次の世代に託したいと思います。

［第6章］

初心を忘れないものづくりこそ時代を越えて愛される愚直に信念を守り、貫き通すことが生きる道

自然と共生しながら「水の里」に根付いた工場

私たちの工場がある福岡県うきは市は、北に筑後川が流れ、南には耳納連山がある自然に恵まれた土地です。周りには私たちのほかに工場など一つもないような場所に、ポツンと存在しています。何も知らない人が見れば、なぜこんなところに工場を建てたのだろうと思うかもしれません。

父が1964（昭和39）年に新しく脱脂綿の製造工場を建築しようとした際には、足を棒のようにして候補地をいくつも回り、検討を重ねたようです。なかには流通や交通の便を考えて、鳥栖《とす》（佐賀県）に建てるという選択肢もありました。

しかし、第一条件として父がどうしても譲れなかったのは「きれいな水が得られるか」ということでした。良質な脱脂綿を作るうえでは、製造工程で大量のきれいな水が必要になるからです。

このときの父の選択は会社の製品のうちパシーマが95％を占めるようになった今も、プラスにはたらいています。パシーマを製造するときの大切な工程の一つである精練では大

排水を浄化する設備

きな釜を使って2日間もの時間をかけて綿を煮ていくため、大量の水が必要になります。

もし父が脱脂綿の質よりも流通や交通の便を優先して鳥栖に工場を建築していたら、パシーマの売上が伸びるごとに、きれいな水を確保するためのコストがかさんでいったはずです。

うきは市には日本名水百選の「清水湧水」や水源の森百選の「調音の滝」などに代表される豊富な湧き水や水源があります。山の湧き水や井戸水は、地元の人々の貴重な生活用水として今でも利用されているほどです。ちなみにうきは市には、上水道はありません。

私たちはその豊かな自然の恵みを受けて、

パシーマを製造しています。自然の恵みを受けている以上、工場からの排水には細心の注意を払っています。製造工程で出る排水は、可能な限り自然環境に負担をかけない状態にして排水しています。

「古くなってもゾーキンなどとして最後まで使えます」の精神

パシーマはその誕生時から「古くなってもゾーキンなどとして最後まで使えます」とパッケージに記してきました。

パシーマの開発を進めていたのは、ちょうどバブル景気に世間が沸いていた頃でした。世の中では高価な羽毛布団が売れていたような時期です。次々と新製品が発売されて、使い捨てが当たり前の時代でした。

この文言を入れたのはパシーマを開発した父の考えでしたが、当時の私は「なぜわざわざそんなことをパッケージに書くのか、恥ずかしい」と感じていたこともありました。

しかし戦後、物資が乏しくて衣服を作る糸さえもないときに、「くず綿」から糸を紡ぐ特殊紡績からスタートした父の目にはバブル景気に狂乱する世の中はどのように映っていたのかを考えると、父がこの文言を書いたときの心情が理解できます。

昨今はＳＤＧｓというキーワードがさかんに言われるようになり、世界中で人々の持続可能な社会の実現への関心が高まっています。

私たちの会社はフランスに進出するにあたって、ヨーロッパの人たちの環境意識の高さを目の当たりにすることにもなりました。

使い捨てが当たり前だった時代から、「古くなってもゾーキンなどとして最後まで使えます」という精神を貫いてきたことを誇りにしつつ、豊かな自然に感謝しながら、これからもこの地からパシーマを送り出し続けていきます。

時代を越えて地域への恩返しを

２０１３年、私たちの会社はうきは市吉井町に現在の工場を構えてから、ちょうど50年を迎えようとしていました。これを機に地域のために何かできないかと考えて始めたのが、市内の新生児にパシーマをプレゼントするという試み（ファーストパシーマ活動）です。「うきは市で生まれた新生児が最初に使用する寝具は、ぜひ安全なパシーマであってほしい」と思ったのです。

会社の歩みを振り返ってみると、倒産の危機に陥ったときには地域の人たちにずいぶんと支えてもらいました。地域に恩返しがしたいという思いは常に抱き続けてはいたもののなかなか形にすることができずにいたのでした。

地域のなかで私たちの会社だけが出過ぎたことをするのは良くないのではないかとの考えも頭をよぎりましたが、市長から「地域の子育て支援になるので、ぜひお願いしたい」との心強い言葉を得て、実施に踏み切りました。

パシーマが乳児の寝床内温度・湿度を快適に保つことは、すでに岡山県立大学の池田理恵先生の研究で明らかになっています。実験によってほかの寝具を使った際よりも睡眠時間が長く、睡眠途中の覚醒時間は短く、睡眠途中の覚醒回数が少なかったというデータも出ています。

また赤ちゃんがなめても安心なほど安全性が高いことは「エコテックス®スタンダード100クラスI」を取得していることで証明されていますので、お母さんたちにも安心して使ってもらえるはずです。

地元小学校の社会科見学

市からは引換券を発行して会社に取りに来てもらうという方法を提案されましたが、それではかえってお母さんたちの負担になってしまうかもしれません。そこで、赤ちゃんが生後2カ月になるタイミングで保健師が各家庭を訪問する際に保健師から手渡してもらうことにしました。幸い多くの家庭で喜んでもらえているようです。

この試みはスタートしてからそろそろ10年が経ちますが、今後もできる限り続けていきたいと思っています。市内の子どもがいるすべての家庭のベランダに、洗濯されたパシーマが干されている光景を見るのが私の夢でもあります。

また地域に開かれた会社でありたいという思いから、小学生の工場見学も積極的に受け入れてきました。

パシーマの存在を知らなければ、私たちの工場は外から見ても何を作っているのか分かりません。しかし地元の赤ちゃんにパシーマを使ってもらったり、小学生に工場見学に来てもらったりすることで、パシーマを身近に感じてもらうことはできるはずです。

パシーマで育った子どもたちが、パシーマの作られる様子を目にして、自分の住む地域にこんな工場があるということを知ってくれたら、そしていずれ私たちの会社の仲間としてみずみずしい感性で新たな「一品」を生み出してくれたら、こんなにうれしいことはありません。

これからも全員野球型の組織で

私たちの会社は、社員が45人という規模です。余分な人員は一人もいません。

最近、世の中では「ジョブ型雇用」という言葉が使われるようになってきました。これは欧米で一般的な雇用制度のことで、仕事に人を割り当てる形の雇用の仕方です。日本経済団体連合会（経団連）による報告書によると、「特定のポストに空きが生じた際にその職務（ジョブ）・役割を遂行できる能力や資格のある人材を社外から獲得、あるいは社内で公募する雇用形態のこと」と記されています。

2020年に経団連がジョブ型雇用の比率を高めていくとの指針を示したことによって、世間の注目がさらに集まりました。経団連がそのような指針を示した背景には、次のような要因があります。

まず、最新の技術を身につけている専門職が不足しているという点です。近年、さまざまな分野で技術革新が進んでいます。ＡＩ（人工知能）をはじめとし、ＶＲ（仮想現実）、ＡＲ（拡張現実）といった言葉はもうおなじみのものになってきました。ロボット、ナノテクノロジー、量子コンピューター、生物工学、ＩｏＴ、５Ｇ、自動運転など、多岐にわたる分野で最新の専門知識や技術をもったエンジニアやデータサイエンティストなどの専門職が不足しているのです。

ＩＣＴ（情報通信技術）の発達により世の中に起こっている変化は、「第四次産業革命」ともいわれます。その大きな変化のなかで、国際競争に負けないためにも、優秀な専門職を確保する必要があり、そのためには、ジョブ型の雇用が推進されるべきだというのです。

また、ダイバーシティの広がりもあります。女性の社会進出が進み、育児や介護をしながら働く人の割合も増えました。また定年後に再就職する人や、外国人の労働者なども増えています。このように多様な属性の人が活躍できるようにするためには、勤務地や職務などを限定できるジョブ型の雇用が向いているとされるのです。

この「ジョブ型」に対して、日本の企業の従来のやり方は「メンバーシップ型」と呼ばれます。

高度経済成長期に完成した日本の新卒一括採用で企業は若くて可能性のある労働力を確保し、終身雇用で長く働いてもらうなかで育成していくという方法をとってきました。年功序列の終身雇用で安定を約束する代わりに、企業側の都合で人を異動させることもあるシステムです。

ジョブ型が「仕事に人をつける」というやり方であるのに対し、メンバーシップ型は「人に仕事をつける」という形でした。近年、このやり方は「専門性の高い人材が育たない」といったマイナス面が強調されるようになっています。

私たちの会社をジョブ型かメンバーシップ型かという二択で分類するなら、メンバーシップ型ということになります。ただ一般にいわれているメンバーシップ型のデメリットは、私たちのような規模の会社には当てはまらないようにも思えます。

例えば当社に技術職は2人いますが、常に機械のことだけをやっているのではなく、現場のラインに入って作業もします。だからといって、専門性の高い人材が育たないというわけではありません。中学卒業後に入社して、独学で機械のことを学んだ先代の工場長は、科学技術庁長官賞を受賞するほどの技術力をもっていました。

私たちの会社は自社内で一貫生産をしているわけですが、そこで働く社員たちは単一の業務にだけあたるのではなく、幅広く仕事をこなすことができます。

メンバーシップ型という言葉よりは、「全員野球型」とでも言ったほうがしっくりくるかもしれません。お互いに知恵を出し合い得意なところを活かし、足りないところはカバーし合った結果、オリジナルの機械を生み出すこともあればオリジナルの機械同士を組み合わせて新しいものを作ることもあります。リーダーシップの強いエースが主導で新製品の開発を引っ張っていくこともあれば、スタンドプレーは苦手だけれど細かなところまで気を配っている現場の社員のささやかなアイデアが、消費者と心を通わせるきっかけになることもある、そんな全員野球型です。

これまで、私たちの会社は時代の流れとは逆行するような決断をしてきたことがたびたびありました。今、時代がジョブ型へと傾いてきている局面で、中小企業はその流れに身を任せてよいものか、自分たちの頭でしっかり考えて判断する必要があるのです。

時代を越えて受け継いでいく「ものづくり」の精神

私たちの会社の原点を振り返ってみると、父が特殊紡績を始めた1947年にさかのぼります。以来さまざまな技術を習得しながらアイデアを形にし、次々と新製品を生み出してきました。そうやって多大な労力をかけて開発したものの、流通にのせられずに消えていった製品も数えきれないほどたくさんあります。それでも諦めずにアイデアを出し続けた父の「ものづくり」の精神は、パシーマとともに全社員に受け継がれています。

私たちの会社は、次のような社是を掲げています。

一、　誠意と努力
二、　技術の向上
三、　生産の奉仕

このなかの「生産の奉仕」というところに、私たちの「ものづくりで世の中に貢献す

パシーマを生み出した先代・禮一郎(撮影・高橋 昇)

る」という覚悟が込められています。ものづくりは本当に地道です。いきなり明日の売上を2倍にするような手品はありません。本当に金もうけをしたいだけの人は、ものづくりはしていないと思います。ものづくりをしていた会社のなかには、製品を右から左に渡すような形の仕事をして生き残っているところもあります。

しかし、私たちはこれからも「一品勝負」を続けていきます。

父は「追いつかれたらその先をいけばいい!」と常々言っていました。自分のものづくりに、それだけの自信と自負をもっていたのだと思います。失敗することもありましたが、それらを乗り越えて「これが俺の置き土産だ」と言っていたパシーマは今や会社を支える屋台骨に成長しました。

ものづくりで生き残っていくというのは大変なことです。特に中小ものづくり企業にとって、厳しい時代であることには変わりありません。

しかしどこにも負けない「一品」を開発し、自分で出口までもっていくことができれば、つまり「自力で売る」ところまでたどりつければ、きっと生き残っていけるはずだと私は信じています。

それは楽な道ではありません。しかし、楽ではないからこそ面白いのではないかと思います。

『清貧の思想』というベストセラーで知られるドイツ文学者の中野孝次先生は、著書『人生のこみち』のなかで「理想の寝具」としてパシーマについて語っています。イギリスを引き合いに出し１９９０年代前半の日本の状況に言及しているのですが、イギリスには一度完成に達した品物は支障がない限りいつまでもそのまま作り続けるものづくりの気風があるが、戦後の日本は大量生産・大量消費式生産法を進めてきた結果「恒常的なもののない、落ちつきを欠いた社会」だったというのです。

そして結びにはパシーマについて次のように記されています。

「そんな落ちつかぬ世の中に一つでもこういう本質だけを追求した、変らぬ品物があるということは、日本の物作りにもまだ本物があることを証明してうれしいことだ」

この文章が書かれてから、20年近い年月が流れました。その間私たちは時代の流れはとらえながらも、世の中の風潮に流されることなく本当に良いと思える「一品」を作り続け、消費者に届けるための努力を続けてきました。人々の意識が睡眠の質に向かい使い捨てるのではなく、良いものを大切に長く使い続けようと考える人が増えてきた今の状況を見ると、やっと時代が追いついてきてくれたようにも思えます。

創業者から受け継いだものづくりの信念を忘れることなく、私たちはこれからも「一品勝負」を続けていきます。

おわりに

1992年のパシーマの誕生から、今年でちょうど30年になります。

父のアトピー性皮膚炎への悩みからスタートしたパシーマは、睡眠の悩みの解決に役立つことが分かり、今や日本全国のみならず、世界へも広がっていこうとしています。

私は入社していろんなものを試作してきました。黎明期だった不織布に着目し、不織布を応用したおむつ用品やクリーナーを開発しましたがなかなか製品化までには至りませんでした。迷走を繰り返すなかで脱脂綿を苗床にしたカイワレダイコンの販売にチャレンジしたこともあります。手応えを感じていた脱脂綿を使った龍宮畳やふきんも、主力商品と呼べるまでには成長しませんでした。今思えば本当に紆余曲折の道のりだったなと思いますが、数えきれないほどの失敗を積み重ねた先に誕生したのがパシーマだったのです。

発明者の父からは「俺の置き土産だ」と言われました。そんな父が亡くなった今、パシーマの歴史を語れるいちばんの生き証人が私であることは間違いありません。父は新しいものにすぐ飛びつくタイプでした。何事にも一途に突き進む余り、その欠点に気づくと真逆の方向に走るところがあったように思います。

アトピーに苦しんでいたときに医者から処方された大量の薬を疑うことなく飲み続けたときもウール布団の開発に早くから取り組んだときも、抗菌防臭繊維に取り組んだときもそうです。口癖のように「俺はドン・キホーテだ」と言っていました。失敗することも多々ありましたが、そんな父だったからこそ究極の一品が生まれたのだと思います。

パシーマとともに歩んできた道は、決して平坦なものではありませんでした。

パシーマの開発に着手したのが１９８０年です。世間では贅沢なものがもてはやされて従来の綿の布団よりも高価な羽毛布団がよく売れていて、綿を扱う私たちの会社にとっては苦しい時代でした。

その後バブルが崩壊したあとにやって来たデフレ経済のなかで、人々のニーズは安くて品質の良いものを求めるように変化しました。私たちのように日本国内に基盤をおく中小ものづくりメーカーにとっては、さらに厳しい時代の到来です。いくつもの同業者が、その時代の荒波にのまれて消えていきました。私たちはパシーマの販売にこぎつけたものの世間に安価で品質の良いものが大量に出回るようになった状況下で、ほかの寝具に比べて割高である理由をなかなか納得してもらえず、販路を開拓していくうえで大変な苦労を強いられたものです。

加えて製造小売業による製造や流通の構造変化のあおりを受けて、寝具の卸業者や小売店が激減していきました。同時に寝具業界自体も先細りしていきました。

そういった社会情勢のなかで起こった自社工場の火災に起因する倒産の危機、そして次々と壁が立ちはだかっていた復興の道……。

これでもかという苦難多き道のりでしたが、そのなかで誕生したパシーマという「一品」のおかげで今の私たちがあります。

パシーマの着想から製品化までには実に10年もの年月を費やし、その後アウトソーシングが進む世の中の流れに逆行するように、自社ですべての工程が完結する製造体制を作り上げるまでにはさらに10年以上の年月を要しました。そのうえで効率化できるところは工夫し、こだわるところには時間と手間を惜しみなくかけています。戦略とはなにに時間と手間をかけるかを決めることなのです。

パシーマの価値を守るため「作り過ぎない」という方針を掲げ、消費者に安全を届けられるように、トレーサビリティも導入しました。

自分たちでも実際に使ってみて自信をもってすすめられる製品に仕上がったのにもかかわらず、かつては布団専門店で門前払いされたこともありました。

地方の弱小企業の社員が言葉を尽くしたところで、なかなか耳を貸してもらえなかった悔しさは今でもよく覚えています。その苦い経験から認められるためにはエビデンスが必要だと考え、大学と連携してエビデンスを積み重ねていきました。加えて寝具としては日本で初めて「エコテックス®スタンダード100クラスI」を取得し、「赤ちゃんがなめても大丈夫」という世界基準の安全性を証明しています。

最近ではパシーマの類似品も出てくるようになりました。それは脅威でもありますが、「脱脂綿を寝具に使う」というかつての非常識がまねされるほどに浸透してきたかと、勲章をもらったような気分でもあります。

今では、寝具店から「ぜひうちで扱わせてください」と言ってもらえるようになりました。

この長い道のりのなかで、私たちが大切に守ってきたのは、社是に「生産の奉仕」と掲げているとおり、創業者から受け継いできた「ものづくり」の精神です。価値のあるものを作ることで世の中に貢献していこうという気概です。そして、その製品を自分たちで消費者のもとに届けるのだという覚悟をもって、機動力のある会社を目指しています。

また、「技術の向上」についても心血を注ぎました。市販されていない機械は作り、既存の機械も分解・修理を繰り返し、できるだけ自分たちの手によって使いやすいように改良してきました。タイミングが合えば展示会にも頻繁に出かけ、自分たちの分野でも活用・応用できる技術はないかと日々アンテナを張り巡らせていました。

私たちの社名となっている「龍宮」には平和な華やかさ、自然、健康、不老長寿というイメージが込められています。そこには「綿や脱脂綿の製造を通して、地球に生きる人々の健康に役立ちたい」と考えていた父禮一郎の思いがつまっています。

2015年、私たちの会社は内閣総理大臣表彰の「ものづくり日本大賞」で九州経済産業局長賞を受賞しました。2020年には経済産業省の「地域未来牽引企業」や、「はばたく中小企業・小規模事業者300社」にも選定されています。ものづくりで社会に貢献し、地域の人々の健康に役立ちたいという思いと協力してくれた人たちの存在もあって国からも認められたのだと考えています。

こうして振り返ってみると、パシーマという一品で勝負してきた道のりは大変ではありましたが、なかなか面白い道でもあったと感じます。海外のユーザーとインターネットを介してつながり、画面越しに

「パシーマのおかげで人生が変わりました」

と熱く語っているのを見ると、喜びを感じるとともに今後の展開への手応えも感じています。

私たちのものづくり精神の象徴でもある「パシーマ」という一品が、世界中に広まって一人でも多くの人を幸せにしてくれたらこんなにうれしいことはありません。

2022年4月吉日

梯　恒三

梯　恒三（かけはし　こうぞう）

1956年12月6日生まれ、福岡県うきは市出身の65歳。1980年3月に熊本大学機械工学科を卒業し、日本機械学会の「畠山賞」を受賞。大学在学中に創業者の父・禮一郎に請われて、一年間休学して家業を手伝う。大学卒業後に龍宮に入社。2012年に三代目の代表取締役社長に就いた。「パシーマ」一筋の経営を展開し、数々の賞を獲得。2021年には「JBAヘルスケア認定寝具(TM)」「地域未来牽引企業」に選ばれた。「パシーマ」の売上を順調に伸ばし、商品バリエーションも増え、社業を発展させている。日本睡眠改善協議会（JOBS）の「睡眠改善インストラクター」の資格をもつ。座右の銘は「天網恢々疎にして漏らさず」「曲なれば全し」。

本書についての
ご意見・ご感想はコチラ

一品勝負

地方弱小メーカーのものづくり戦略

二〇二二年四月二〇日　第一刷発行

著　者　梯　恒三
発行人　久保田貴幸
発行元　株式会社　幻冬舎メディアコンサルティング
〒一五一-〇〇五一　東京都渋谷区千駄ヶ谷四-九-七
電話　〇三-五四一一-六四四〇（編集）
発売元　株式会社　幻冬舎
〒一五一-〇〇五一　東京都渋谷区千駄ヶ谷四-九-七
電話　〇三-五四一一-六二二二（営業）
印刷・製本　中央精版印刷株式会社
装　丁　秋庭祐貴

検印廃止

Printed in Japan　ISBN 978-4-344-93846-5 C0034
幻冬舎メディアコンサルティングHP　http://www.gentosha-mc.com/